Annette Schmitt

Border Collie

Premium Ratgeber

unter Mitarbeit von
Anja Wetterkamp

bede bei Ulmer

Inhalt

Inhalt

Von den Ursprüngen zur Reinzucht

Als Ende des 18. Jahrhunderts neben dem Freigrasen auch die Koppelhaltung von Schafen aufkam, benötigten die Schäfer Hunde, die die Herden nicht nur weiträumig umkreisten,

Die Vorfahren des Border Collies haben als Hütehunde eine sehr lange Tradition. Bereits aus dem Jahre 943 existieren Aufzeichnungen von Hywel Dda, einem König von Wales, der diese Vierbeiner als fleißige Arbeitshunde schätzte. 1576 schreibt Dr. John Caius in seinem Buch „English Dogges" über den frühen Border Collie: „Der Hund unserer Schäfer ist nicht groß oder mächtig, sondern von mittlerer Statur ... Dieser Hund bringt wandernde und verstreute Schafe auf Zuruf seines Herren, wohin dieser will ..." In seinen Anlagen und seiner Arbeitsweise hat sich der hüb-

sche Vierbeiner also bis heute nicht verändert. Aber auch das Aussehen scheint über Jahrhunderte hinweg ähnlich geblieben zu sein. So erwähnt Thomas Bewick um 1700 in seinem Buch „The General History of Quadrupeds" einen „schwarzen, langhaarigen Collie mit einer weißen Schwanzspitze, der oft in den nördlichen Teilen Englands und Schottlands zu sehen ist, wo er eine sehr große Hilfe beim Zusammentreiben der riesengroßen Schafherden darstellt". Als Ende des 18. Jahrhunderts neben dem Freigrasen auch die Koppelhaltung von Schafen aufkam, benötigten die Schäfer

strengen Auslese der Hunde bezüglich ihres Hütetriebes und des selbstständigen Arbeitens an Herdentieren, wie Schafen, Rindern oder auch Gänsen. Außerdem sollten die Collies robust, wendig und flink sein, weder aggressiv reagieren, noch Jagdtrieb zeigen. Das Aussehen der Gebrauchshunde galt als zweitrangig, obwohl sich die Hunde auch äußerlich alle sehr ähnelten. Die Fähigkeit zur individuellen Problemlösung war bei den Vierbeinern absolut erwünscht und fördernswert, denn ein Border Collie muss eine Herde auch alleine über etliche Kilometer hinweg mit viel Geduld und Einfühlungsvermögen einholen und in den heimischen Stall treiben.

Seine magischen Augen haben alles im Blick

Typisch und unverwechselbar ist die tiefgeduckte Hütehaltung der Hunde verbunden mit einem ununterbrochenen Fixieren der Herdentiere. Der Border Collie besitzt die einzigartige Fähigkeit, eine Herde völlig lautlos nur mit seinen Augen dirigieren zu können. Seine gesamte Arbeitsweise kommt der wölfischen Jagdtaktik gleich; sie ist ihm angeboren und soll von weit zurückliegenden Einkreuzungen mit Vorstehhunden wie Pointern und Settern stammen; somit kennt der Border Collie seine Aufgaben an der Herde instinktiv. Bestimmte Befehle erhält der Hund in Form von Pfiffen. Kaum ein Wort, geschweige denn Gebell ist zu hören. Die hohe Intelligenz des hübschen Vierbeiners gepaart mit dem ausgeprägten Willen, seinem Herrn zu gefallen und mit ihm im Team zu arbeiten, macht den Border Collie zum weltbesten Hütehund überhaupt.

Einen regelrechten Boom erlebte der schlaue Vierbeiner als auch Queen Victoria ihr Interesse an der Rasse zeigte. Aus dem Jahre 1860 existiert ein Porträt ihres Hundes „Gyp-

Oben: Der Border Collie besitzt die einzigartige Fähigkeit, eine Herde völlig lautlos nicht nur mit seinen Augen dirigieren zu können, sondern auch gruppenweise in Pferche treiben.

Hunde, die die Herden, meist zu zweit, nicht nur weiträumig umkreisen, sondern auch gruppenweise in Pferche trieben.

Außerdem mussten häufig einzelne Tiere aufgestöbert und der Herde zugeführt sowie einige Schafe vom Rest getrennt und an einen anderen Ort gebracht werden. Mitte des 19. Jahrhunderts begannen Züchter mit einer sie", einem schwarz-weißen Border Collie. Durch das Vorbild Queen Victorias hielten Collies bald als reine Familienhunde Einzug in die vornehmsten Salons der englischen Gesellschaft. Auf Wunsch der Königin feilten Züchter mehr und mehr am Aussehen der Hunde. Dies missfiel jedoch den Schäfern, wodurch man die Trennung in „Rough Collie" und „Border Collie" einleitete.

Schafehüten als Volkssport

Die hervorragenden Arbeitsleistungen des Border Collies rückten ihn ab 1893 vermehrt ins Blickfeld der Öffentlichkeit, denn in diesem Jahr wurden erstmals Hütewettbewerbe (Trials) veranstaltet, deren Ziel es war, den am besten ausgebildeten und somit nützlichsten Hund zu ermitteln. Die Gründung der International Sheepdog Society (ISDS) um 1906 trug ein Übriges dazu bei, die „Working Sheepdogs" als nützliche Helfer auf Farmen populär zu machen. Diese Kampagne hatte so großen Erfolg, dass ein guter „Colley" bald mehr wert war als 100 Schafe. Außerdem eilte ihm der Ruf voraus, die Arbeit von mehreren Männern leisten zu können. Schnell mauserten sich die Trials zu ersten Anlaufstellen für Hütehundinteressenten: Hündinnen und Deckrüden konnten besichtigt werden, zudem

Rechts: Ende des 19. Jahrhunderts rückten die herausragenden Arbeitsleistungen des Border Collies vermehrt ins Blickfeld der Öffentlichkeit, denn damals wurden erstmals Hütewettbewerbe (sogenannte Trials) veranstaltet.

Unten: Der Border Collie gilt als der weltbeste Hütehund.

Nur wenn man den Border Collie körperlich und geistig auslastet, hat man einen glücklichen Hund.

standen viel versprechende Welpen zum Verkauf. Bis heute sind diese Wettkämpfe in Großbritannien weit verbreitet und selbst bei zuschauenenden Nichtschäfern sehr beliebt. 1915 wurde James Reid Erster Vorsitzender der ISDS; er legte auch den Rassename „Border Collie" fest, da die erfolgreichsten Hütehunde stets aus dem Grenzland zwischen England und Schottland (engl. „border country") kamen. 1955 brachte Reid das erste Zuchtbuch für „Working Sheepdogs" („Colleys") heraus. Die erste Eintragung im Zuchtbuch ist die Hündin „Old Maid". Sie taucht in den Stammbäumen vieler guter Border Collies auf. Der berühmteste Rüde ist „Old Hemp" aus der Zucht von Adam Telfer (1893); er war ebenfalls begehrt in der Zucht, da er eine hervorragende Arbeitsleistung zeigte und in Hütewettbewerben nie besiegt wurde.

Vom Arbeitstier zum Modehund

1976 erfolgte die Rasseanerkennung durch den englischen Kennel Club und die Erstellung eines ersten Standards. 1978 erkannte die FCI den intelligenten Vierbeiner als Rasse an. Seitdem wird der Border Collie hierzulande innerhalb des VDHs vom Club für Britische Hütehunde e.V. betreut. Die ersten Border Collies kamen allerdings schon Anfang der 1970er-Jahre nach Deutschland, damals noch, um deutschen Schäfern bei ihrer Arbeit mit den Schafen zu helfen. Mit der Rasseanerkennung ist der Border Collie auch ein äußerst beliebter Ausstellungshund geworden. Diese Auftritte, die vor allem sein hübsches Äußeres und die praktische Größe zeigten, sowie diverse Fernsehrollen als lassiegleicher Superhund verhalfen dem vierbeinigen Workaholic zu einer Popularität, die

Auf den Aleuten wurden Border Collies erfolgreich zur Rettung der durch eingeführte Füchse vom Aussterben bedrohten Zwergkanadagans eingesetzt.

ihm mehr schadete als nutzte. Schnell eilte dem Border Collie der Ruf voraus besonders leichtführig, lustig und intelligent zu sein, drei Eigenschaften, die ihn zum vermeintlich idealen Familienhund machen. Leider wird dabei bis heute viel zu leicht vergessen, dass der wedelnde Einstein, dem das Arbeiten nach wie vor stark im Blut liegt, umfassend und seiner Intelligenz gemäß ausreichend beschäftigt werden muss, um all seine positiven Wesenszüge voll entfalten zu können. Wird man den Ansprüchen eines Border Collies nicht gerecht, sind Probleme vorprogrammiert. Schwere Verhaltensstörungen zeigen immer wieder wie aus den hochintelligenten Arbeitshunden bedauernswert unterforderte Prestigeobjekte werden.

In Großbritannien sind die Zuchtlinien inzwischen streng getrennt: die ISDS kümmert sich nach wie vor mit großem Engagement um die Belange der Arbeitshunde, während sich der Kennel Club einer reinen Show- und der Arbeitslinie angenommen hat.

Der Border Collie findet laut Standard Verwendung als „zu harter und ausdauernder Arbeit fähiger Herdenhund von guter Führigkeit".

Rassestandard

Im Standard ist festgehalten, wie ein perfekter Hund einer Rasse auszusehen hat. Aber auch ein kurzer Einblick in Veranlagung und Wesen wird darin gegeben.

Für den Border Collie wurde 1976 ein erster Rassestandard erstellt, den die FCI zwei Jahre später offiziell anerkannte.

Der Border Collie
FCI-Standard Nr. 297/08.09.1988/D

Übersetzung Dr. J. M. Paschoud unter Mitwirkung des Komitees des Schweizerischen Hundeklubs für Border Collies.
Ursprungsland Großbritannien
Verwendung Zu harter und ausdauernder Arbeit fähiger Herdenhund von guter Führigkeit.

Klassifikation FCI
Gruppe I (Schäferhunde).

Allgemeines Erscheinungsbild
Die allgemeine Erscheinung soll die eines gut proportionierten Hundes sein, wobei die geschmeidigen Außenlinien Qualität, Anmut und vollkommene Harmonie in Verbindung mit genügend Substanz zeigen, wodurch der Eindruck entsteht, dass der Hund zu ausdauernder Leistung fähig ist. Jegliche Tendenz zu Plumpheit oder Schwäche ist unerwünscht.

Wichtige Maßverhältnisse
(Proportionen) Oberkopf und Nasenrücken etwa gleich lang. Der Körper soll im Vergleich zur Schulterhöhe etwas länger sein.

Der Border Collie gilt als aufgeweckt, aufmerksam, führig und intelligent, dabei aber weder nervös noch aggressiv.

Verhalten und Charakter
Aufgeweckt, aufmerksam, führig und intelligent, weder nervös noch aggressiv.

Kopf – Oberkopf
Schädel ziemlich breit, Hinterhaupthöcker nicht ausgeprägt.
Stopp sehr ausgeprägt.

Gesichtsschädel
Nase schwarz, außer bei braunen oder schokoladefarbener Hunden, wo sie braun sein darf. Bei blauen Hunden sollte sie schieferfarben sein. Nasenlöcher gut entwickelt.
Schnauze Fang, sich zur Nase hin verjüngend, mäßig kurz und kräftig.
Backen Weder voll noch abgerundet.
Kiefer/Zähne Kräftig mit einem perfektem, regelmäßigem und vollständigem Scherengebiss, das heißt ein Gebiss, bei dem die Schneidezähne des Oberkiefers knapp über die Schneidezähne des Unterkiefers greifen, wobei sie senkrecht zum Kiefer gestellt sind.
Augen weit auseinander stehend, oval, von mittlerer Größe und braun, außer bei Blue Merle-Hunden, wo ein Auge oder beide teilweise oder ganz blau sein dürfen. Ausdruck sanft, aufgeweckt, aufmerksam, intelligent.
Ohren Ohren von mittlerer Größe und Textur, weit auseinander stehend, aufrecht oder halb aufrecht getragen, ausdrucksvoll beweglich.

Hals
Hals von guter Länge, kräftig und muskulös, leicht gewölbt, zu den Schultern hin breiter werdend.

Körper
Körper von athletischem Aussehen.
Brust Tief und ziemlich breit. Rippen gut gewölbt.
Lenden Muskulös, aber nicht aufgezogen.
ruppe Breit und muskulös, von der Seite gesehen anmutig zum Rutenansatz hin verlaufend.
Rute Mäßig lang, mit ihrem letzten Wirbel mindestens bis zum Sprunggelenk reichend, tief angesetzt, gut behaart, mit einem Aufwärtsschwung am Ende, der die anmutige Außenlinie und Harmonie des Hundes abrundet. Im Erregungszustand kann die Rute höher, aber nie über den Rücken getragen werden.
Hoden Die Rüden müssen zwei äußerlich normale, gut in den Hodensack abgestiegene Hoden aufweisen.

Gliedmaßen
Vorderhand Vorderläufe von vorne gesehen parallel, Fesseln von der Seite betrachtet leicht schräg gestellt. Knochen kräftig, aber

Der hübsche Vierbeiner ist ein echter Athlet, der Anmut und Harmonie ausstrahlt.

nicht grob. Schultern gut zurückgelegt, Ellbogen dicht am Körper anliegend.

Pfoten Pfoten oval, Ballen gut gepolstert, kräftig und gesund, Zehen gewölbt, eng aneinander liegend, Krallen kurz und kräftig.

Hinterhand Oberschenkel lang, kräftig und muskulös, mit gut gewinkelten Kniegelenken und kräftigen tief liegenden Sprunggelenken. Vom Sprunggelenk bis zum Boden starker Knochenbau. Hinterbeine von hinten gesehen parallel.

Gangwerk

Die Bewegung soll frei, fließend und unermüdlich sein, wobei die Pfoten möglichst wenig abgehoben werden, damit sich der Hund schleichend und mit großer Geschwindigkeit bewegen kann.

Der typisch schleichende Gang des Border Collies ist unter anderem deswegen möglich, weil die Pfoten beim Gehen nur sehr wenig vom Boden abgehoben werden.

Bunte Hunde

Border Collies werden inzwischen in vielen verschiedenen Farbschlägen gezüchtet. Am häufigsten sieht man die schwarz-weiße Färbung bei mittellangem Fell. Auch Tricolor ist relativ oft anzutreffen. Zusätzlich gibt es die Vierbeiner in Bluemerle (mit und ohne Tan), Redmerle (mit und ohne Tan), Braun-Weiß (mit und ohne Tan), Blau-Weiß, Sable-Weiß, Zobel-Weiß, Lemon-Weiß (Gelb), Ingwer-Weiß (Rot), Rehbraun-Weiß (helle Leberfarbe), Lilac-Weiß (Blau und Braun) und gescheckten Brindle mit Weiß (Kombination aus Braun und Schwarz). Einige Farbschläge sind nur in den USA erlaubt, so auch reinweiße Border Collies. Die Merlefarben und Reinweiß sind aufgrund von Gendefekten entstanden; sie stellen für den Hund ein erhöhtes gesundheitliches Risiko dar; häufig kommt es beispielsweise zu Störungen im Bereich der Augen und Ohren. Bei merlefarbenen Hunden treten oft blaue Augen auf; diese entstehen durch einen teilweisen Pigmentmangel in der Iris, der durch das Merlegen verursacht wurde. Innerhalb des Clubs für Britische Hütehunde e. V. ist es verboten, zwei Merle-Hunde miteinander zu verpaaren. Für eine blaue Fellfärbung ist ein Dilutionsgen verantwortlich, das eine Verdünnung der Farbe Schwarz bewirkt und sich auch auf die Farbe der Haut und der Augen auswirkt.

Haarkleid

Haar Beschaffenheit des Haares: Zwei Fellvarietäten sind anerkannt, eine mäßig lange und eine stockhaarige. Bei beiden Varianten Deckhaar dicht und von mittlerer Textur, Unterwolle weich und dicht, was dem Border Collie einen wetterfesten Schutz verleiht. Bei der mäßig langen Fellvarietät bildet das reichliche Haarkleid Mähne, Hosen und Fahne. An Gesicht, Ohren, Vorderläufen (ausgenommen Federn) und Hinterläufen vom Sprunggelenk bis zum Boden soll das Haar kurz und glatt sein.

Farbe Eine Vielfalt von Farben ist erlaubt, wobei Weiß nie vorherrschen soll.

Größe/Gewicht

Idealhöhe: Rüden 53 cm.
Hündinnen: etwas weniger.

Fehler

Jede Abweichung von den obgenannten Punkten soll als Fehler angesehen werden, wobei deren Gewichtung der Schwere des Fehlers Rechnung tragen soll.

Den hübschen Border Collie gibt es in den unterschiedlichsten Farbschlägen. Am häufigsten kommt die schwarz-weiße Färbung bei mittellangem Fell vor.

„Wann gehts endlich los?".

Der sportliche Vierbeiner benötigt täglich ein abwechslungsreiches und angemessenes Animationsprogramm.

Der Border Collie ist nach wie vor ein echtes Arbeitstier, das unbedingt gefordert werden will und muss, um seine positiven Eigenschaften voll entfalten zu können. Die Anschaffung einer Schafherde ist für seine artgerechte Beschäftigung allerdings nicht unbedingt Pflicht, trotzdem aber braucht der intelligente Hütehund eine Aufgabe, die ihn auslastet. Daher kann der Border Collie auch keineswegs als anspruchsloser Familienbegleiter gesehen werden, der sich am Ende sogar noch selbst erzieht. Der Border Collie ist eine Rasse für sportliche Outdoorfans und echte Hundefreaks mit viel Zeit.

Der temperamentvolle Intelligenzbolzen braucht viel abwechslungsreiche Bewegung bei jedem Wetter und außerdem unbedingt Kopfarbeit. Einfache Spaziergänge oder Fahrradausflüge sind ihm zu wenig. Langeweile erträgt er nicht. Fühlt sich ein Border Collie unterfordert, sucht er sich selbst eine Aufgabe wie Autos, Fahrräder, Kinder oder andere Haustiere hüten; dies kann ziemlich lästig sein und manchmal sogar in neurotisches Verhalten münden. Unter Umständen werden unausgeglichene Border Collies aus Unzufriedenheit sogar aggressiv. Für den quirligen Vierbeiner ist ein abwechslungsreiches, angemessenes Animationsprogramm also absolut Pflicht und zwar täglich. Stures Ballwerfen ist dem „Arbeiter aus Leidenschaft" zu fad. Bekommt er allerdings nur diese Form der Beschäftigung geboten, entwickelt er daraus leicht einen neurotischen Tick. Ein Border Collie verlangt von seinen Haltern somit auch ein hohes Maß an Kreativität.

Einfühlsamer „Einstein"

Aufgrund ihrer enormen Intelligenz lernen Border Collies sogar Dinge, die ihre Halter gar nicht beabsichtigen und das schon durch bloßes Zusehen und Nachahmung. Außerdem lernen die Hunde schnell durch gewollte oder unbeabsichtigte Verstärkung des Hundeführers. Dies kann für den Zweibeiner dann durchaus anstrengend sein. Hinsichtlich des Temperaments gibt es große individuelle Unterschiede: Manche Vierbeiner scheinen nie zu ermüden und lassen auch nach stundenlanger Arbeit in ihrem Eifer nicht nach; solche Hunde müssen eventuell sogar in ihrem Eifer eingebremst werden, damit sie sich nicht bis hin zur totalen Erschöpfung verausgaben. Andere hingegen zeigen sich gelassener und nicht ganz so energiegeladen. Dies ist häufig Veranlagungssache: Border Collies aus reinen Arbeitslinien sind in der Regel aktiver als Hunde, die schon über Generationen hinweg primär als Familienbegleiter gezüchtet werden.
Border Collies haben ein sehr einfühlsames Wesen. Sie reflektieren fast wie ein Spiegel die jeweilige Stimmungslage ihres Halters: Ist also Herrchen oder Frauchen traurig, sind die Vierbeiner es auch; bei Freude, Nervosität oder Aufregung verhält es sich ähnlich. Aus diesem Grund ist ein Border Collie auch nicht unbedingt für extrem nervöse oder hektische Menschen geeignet, denn schnell kann sich der sensible Vierbeiner hier zu einem unsicheren Nervenbündel entwickeln.

Familienhund mit Herz und Hirn

Ein Border Collie braucht unbedingt engen Kontakt zu seinen Menschen. Er ist sehr anhänglich, gutmütig, liebevoll und treu. Seine Familie geht ihm über alles; für sie würde er sogar „durchs Feuer gehen". Fremden gegenüber sind manche Border Collies sehr aufgeschlossen und zugänglich, andere dagegen zunächst etwas zurückhaltend und misstrauisch. Allem Unbekannten begegnet der britische Vierbeiner in der Regel neugierig, aber doch auch vorsichtig. Für die Zwingerhaltung ist der Border Collie nicht geeignet, denn dafür ist er viel zu menschenbezogen. Hier würde er physisch und psychisch verkümmern. Am liebsten ist der anpassungsfähige Hütehund immer und überall mit dabei.
Bekommt der Border Collie ausreichend Bewegung und Beschäftigung zeigt er sich im Haus ausgeglichen, ruhig und sanft. Streicheleinheiten und Schmusestunden liebt er sehr. In seinem Revier ist der einstige Viehhüter zwar wachsam, nie jedoch aggressiv.

„Sind wir nicht ein tolles Team?". Border Collies wollen immer und überall mit dabei sein.

Border Collies lernen Tricks schnell, wenn sie zum richtigen Zeitpunkt belohnt werden.

Border-Collie-typisch ist eine sehr subtile Körpersprache, die sein Halter erlernen muss, um ihn genau zu verstehen. Hierfür ist viel Einfühlungsvermögen und Sensibilität nötig.

Charmanter Clown für Fortgeschrittene

Stimmt die Chemie zwischen einem Border Collie und seinem Zweibeiner, zeigt sich der intelligente Hütehund als relativ leichtführig. Er möchte seinem Halter unbedingt gefallen und gemeinsam mit ihm als Partner in einem Team arbeiten. Aufgrund seiner einstigen Bestimmung, selbstständig, verantwortungsvoll und unerschrocken Viehherden zu hüten, kann er aber auch bei seinen Leuten ein großes Durchsetzungsvermögen an den Tag legen. Für seine Erziehung und Ausbildung ist daher viel Feingefühl, liebevolle Konsequenz und Hundeverstand gefragt. Brutaler Drill und Härte sind für die sensible Hundeseele absolutes Gift; sie führen schnell zur kompletten Arbeitsverweigerung. Ein wahres Lebenselexier ist für den empfindsamen Vierbeiner dagegen Lob und Bestätigung.

Der Besuch einer kompetenten Hundeschule ist von Anfang an empfehlenswert, denn hier kann der gelehrige Vierbeiner seinen Anlagen und Neigungen entsprechend gefordert und ausgelastet werden. Ein Border Collie spricht sehr gut auf eine humorvolle und spielerische Erziehung an, denn lustigen Späßen ist er nie abgeneigt. Humorlosen Langweilern sei also von der Anschaffung dieses cleveren Clowns abgeraten, denn beide Seiten werden keine Freude aneinander haben. Bekannt ist der temperamentvolle Vierbeiner für sein komödiantisches Talent, dabei spielt auch seine sehr vielfältige Mimik eine große Rolle. Gekonnt ⁺ er sich in Szene und überlistet inkonsequente Menschen blitzschnell mit viel Charme zu seinen Gunsten. Schwächen seines Halters durchschaut der schlaue Vierbeiner sofort. Hat das Familienrudel in seinen Augen keinen bestimmenden Chef, übernimmt er schnell selbst die Führung seiner „Schäfchen".

Hat das Familienrudel in den Augen eines Borders keinen bestimmenden Chef, übernimmt er schnell selbst die Führung seiner „Schäfchen".

Hütehund aus Leidenschaft

Kinder liebt der Border Collie in der Regel sehr, vorausgesetzt natürlich Hund und Kinder werden zu einem richtigen Verhalten und Umgang miteinander angeleitet. Wurde der Hund schon im Welpenalter gut sozialisiert, ist er normalerweise auch später noch sehr verträglich mit Artgenossen. An andere Haustiere gewöhnt sich der einstige Hütehund schnell; häufig kommt hier sein enormer Hüteinstinkt durch, der ihm sagt, seine „Herde" keinesfalls aus den Augen zu lassen. Auch auf Spaziergängen achtet er sehr darauf, dass alle Mitläufer beieinander bleiben. Manche Border Collies haben einen so stark ausgeprägten Hütetrieb, dass sie grundsätzlich alles treiben, was sich bewegt. Das Hüten kann übrigens auch ein Schnappen (nicht Beißen!) des Hundes nach den Fesseln, den Händen oder dem Gesicht eines vermeintlichen Herdentieres beinhalten. In einem solchen Fall ist eine besonders konsequente Erziehung nötig. Alles in allem ist der Border Collie ein toller, aber auch sehr anspruchsvoller Begleiter, der viel Aufmerksamkeit, Zuneigung, Abwechslung und Beschäftigung braucht. Wird man jedoch seinen hohen Ansprüchen gerecht, bekommt man mit ihm einen äußerst liebenswerten Freund fürs Leben.

Klasse vor Masse

Seit einigen Jahren hat sich der Border Collie zum echten Modehund gemausert. Diese Tatsache lockt natürlich viele Schwarzzuchten an, die am laufenden Band preisgünstige Vierbeiner mit dubiosen oder gänzlich ohne Papiere „produzieren". Um einen wirklich wesensstarken, gesunden und robusten Hund zu bekommen, ist es daher umso wichtiger, ihn bei einem seriösen, verantwortungsvollen VDH-Züchter zu erwerben. Hier gelten strenge Auflagen, die nur Hunde zur Zucht zulassen, die physisch und psychisch völlig gesund sind.

Wenn Hund und Kind miteinander aufwachsen und die „nötigen Verhaltensregeln" lernen, haben beide einen Freund fürs Leben.

Der Border Collie heute

Auch als Rettungshund für den Lawinen- und Trümmereinsatz ist der Border Collie geeignet.

In seiner Heimat Großbritannien, aber auch in anderen Ländern ist der Border Collie nach wie vor ein sehr begehrter Hütehund. Hierzulande betreut der intelligente Vierbeiner eher selten eine eigene Viehherde. Trotzdem gibt es für Border Collies und ihre Halter die Möglichkeit, über die zuständigen Rassezuchtver-

eine Hüteseminare zu besuchen und sogar an Wettbewerben (Trials) teilzunehmen.

Meist wird der hübsche Vierbeiner als Familienbegleithund gehalten. Zur Entfaltung all seiner positiven Wesenszüge braucht er jedoch eine angemessene Auslastung; daher treiben etliche Border mit ihren Leuten Hun-

Kinder können in dem liebenswerten Vierbeiner einen liebevollen und zarten Seelentröster finden, aber auch einen lustigen und einfallsreichen Clown, der gekonnt von Alltagsproblemen oder Krankheiten ablenkt.

desport. Bei der Auswahl der passenden Sportart ist der temperamentvolle Vierbeiner nicht wählerisch: Agility macht ihm genauso viel Spaß wie Turnierhundesport, Flyball, Dogdancing, Obedience oder die hobbymäßige Fährtensuche.

Als Reitbegleithund ist der ehemalige Schafshüter ebenfalls gut geeignet.

Einige Border Collies werden auch als Rettungshund für den Lawinen- und Trümmereinsatz ausgebildet. Vor Trainingsbeginn erfolgt hier eine eingehende Prüfung auf Wesensfestigkeit und Nasenarbeit, denn nur physisch und psychisch völlig gesunde Hunde sind für die Arbeit als Rettungshund geeignet.

Hauptsache Arbeit!

Der Border Collie gibt mit seiner feinen Nase außerdem einen hervorragenden Spürhund ab. Auch zur Fährten- und Flächensuche sowie zum Mantrailing wird er eingesetzt.

Zudem kommt der sensible Vierbeiner als Behindertenbegleithund zum Einsatz. Voraussetzungen für die Ausbildung sind Lernwilligkeit, Unterordnungsbereitschaft, eine hohe Reizschwelle, Aggressionsfreiheit und Apportierfreude. Neben den praktischen Hilfestellungen im Alltag, die der Border Collie gehandicapten Menschen gibt, übernimmt der vierbeinige Helfer auch eine psychologische Funktion. Ein Behindertenbegleithund verhilft zu neuem Selbstbewusstsein; er trägt maßgeblich dazu bei, eventuelle Hemmschwellen zu überwinden und verschafft Herrchen oder Frauchen schnell Kontakte zu anderen Hundebesitzern.

Wegen seiner Feinfühligkeit, Menschenfreundlichkeit und seines liebenswerten, souveränen

Auftretens ist das intelligente Arbeitstier ebenfalls ein toller Therapiehund. Altenheime, Krankenstationen oder Einrichtungen für Behinderte, die jemals mit einem Border Collie

Der Border ist sehr vielseitig und braucht unbedingt eine Aufgabe, um ausgeglichen und glücklich zu sein.

zusammenarbeiten durften, möchten ihn nicht mehr missen. Vor allem Kinder finden in dem liebenswerten Vierbeiner einen liebevollen und zarten Seelentröster, wenn es darauf ankommt, aber auch einen lustigen Clown, der gekonnt von Alltagsproblemen und Krankheiten ablenkt.

Seine hohe Intelligenz und schnelle Auffassungsgabe sowie sein komödiantisches Talent machen den Border Collie sogar immer wieder zum beliebten Fernsehstar.

Der Border Collie ist also ein sehr vielseitiger Vierbeiner, der eine Aufgabe braucht, um ausgeglichen und glücklich zu sein. Hoch motiviert und mit viel Freude an der Sache arbeitet er am liebsten zusammen mit seinem zweibeinigen Partner im Team.

Hütearbeit auch ohne eigene Herde

Das Hüten verschiedener Tierarten kann auch ohne eigene Herde mit einem Border Collie geübt werden. Die „Arbeitsgemeinschaft Border Collie Deutschland e. V." und der „Österreichische Club für Britische Hütehunde" bieten immer wieder Hüteseminare an und veranstalten regelmäßig Wettbewerbe (= Trials). Ziel eines Trials ist es, Schafe auf dem kürzesten Weg in ruhiger Arbeitsweise und in möglichst geraden Linien durch einen bestimmten Parcours zu treiben. Folgende Aufgaben sind dabei zu bewältigen:

ⓘ *Der „Outrun", also das weite Herauslaufen des Hundes hinter die Schafe, ohne diese zu beunruhigen.*

ⓘ *Der „Lift": damit ist das „Aufnehmen" und In-Bewegung-Setzen der Tiere gemeint.*

ⓘ *Der „Fetch" bezeichnet das Heranbringen der Schafe zum „handler" (=Hundeführer).*

ⓘ *Der „Drive", also das Treiben der Herde vom „handler" weg, meist über einen dreieckigen Kurs durch zwei freistehende Tore.*

ⓘ *Der „Shed": hiermit ist das kurzzeitige Abtrennen einer bestimmten Anzahl von gekennzeichneten Schafen innerhalb eines markierten Ringes gemeint.*

ⓘ *Der „Pen" bezeichnet das Einpferchen der Schafe.*

ⓘ *Das „Single"; dies bedeutet das Abtrennen eines einzelnen Schafes.*

Das Zusammenspiel zwischen Collie und Hundeführer besteht meist nur aus Pfiffen und Handzeichen, häufig über beträchtliche Entfernungen hinweg.

Weitere Informationen erhalten Sie unter: www.abcdev.de und www.huetehunde.at (Working Border Collies)

Anforderungen an den Halter

Auch aus diesem Wollknäuel wird ein anspruchsvoller Hütehund.

Fragen, die vorab zu klären sind

Interessieren Sie sich für einen Border Collie, überlegen Sie eine Anschaffung vorab gut, schließlich liegt die durchschnittliche Lebenserwartung dieser Hunde bei etwa 13 Jahren. Fragen Sie sich schon im Vorfeld, ob es Ihnen finanziell möglich ist, für sämtliche Kosten, die der Vierbeiner mit sich bringt, über Jahre hinweg aufzukommen. Bedenken Sie, dass nicht nur die Grundausstattung und der Erwerb des Hundes selbst teuer ist, auch die tägliche Futterration will bezahlt werden. Zusätzlich müssen Sie eine Haftpflichtversicherung sowie regelmäßige Impfungen und Entwurmungen finanzieren; schnell kann Ihr Vierbeiner auch unvorhergesehen erkranken, unter Umständen sind sogar langwierige und teure tierärztliche Behandlungen nötig.

Hinterfragen Sie außerdem, ob die äußeren Gegebenheiten stimmen. Haben Sie genug Platz für einen Border Collie? Der vierbeinige Outdoorfan wird sicherlich nicht in einem Hochhaus einer Innenstadt glücklich.

Die Zwingerhaltung aus Platzmangel in der Wohnung ist abzulehnen, denn das anhängliche Sensibelchen blüht nur bei engem Menschenkontakt richtig auf. Am wohlsten fühlt sich der temperamentvolle Vierbeiner in einem ländlichen Heim mit Garten. Wichtig ist ein genügend hoher, intakter Gartenzaun, damit sich Ihr Border Collie nicht plötzlich unerlaubt davonmacht. Das enorme Sprungtalent der Hunde ist dabei nicht zu unterschätzen. Mit einem guten Zaun allerdings kann sich der Vierbeiner auch unbeaufsichtigt draußen aufhalten, ohne zu entwischen.

Stellen Sie sich als zukünftiger Hundebesitzer außerdem darauf ein, dass ein vierbeiniger Mitbewohner viel Dreck ins Haus bringt. Vergessen Sie ebenfalls den Fellwechsel im Frühjahr und Herbst nicht, der sich im wahrsten Sinne des Wortes auch an Ihren Kleidern, Polstermöbeln und Teppichen niederschlägt.

Fragen Sie Ihren Vermieter, ob er mit der Anschaffung eines Hundes einverstanden ist. Klären Sie auch, ob Sie den Hund notfalls mal mit ins Büro nehmen dürfen.

Ein Border Collie wird durchschnittlich etwa 13 Jahre alt. So lange möchte er beschäftigt und versorgt werden.

Der temperamentvolle Vierbeiner liebt Hundesport jeglicher Art.

Sind Sie in zukünftigen Urlauben mit Hund gewillt, eventuelle Abstriche, Zielort und Unternehmungen betreffend, zu machen? Möchten Sie ohne Vierbeiner verreisen, überlegen Sie vorab, ob Sie einen lieben Hundesitter an der Hand hätten oder eine gute Hundepension bezahlen können.

Rassebedürfnisse

Stellen Sie fest, dass die finanziellen und äußeren Gegebenheiten optimal zu einer Hun-

> **Bedenken Sie …**
>
> *Einen Hund zu besitzen, ist der Herzenswunsch der meisten Kinder. Schaffen Sie einen Border Collie nicht ausschließlich für Ihre Kinder an, sondern für sich: Schnell verlieren Kinder das Interesse oder gehen, flügge geworden, aus dem Haus. Sie müssen voll und ganz hinter einer Hundeanschaffung stehen, denn die Hauptarbeit bleibt unter Umständen bald an Ihnen hängen.*

Selbst Mischlinge, wie dieser Border-Collie-Chihuahua-Mix, können noch viel Border-Blut in sich tragen und daher sehr anspruchsvolle Hunde sein.

deanschaffung passen, überlegen Sie sich, ob Sie auf Dauer, das heißt ein Hundeleben lang, genügend Zeit und Lust haben, um den hohen Ansprüchen eines Border Collies gerecht zu werden. Diese intelligenten Energiebündel müssen unbedingt gefordert werden, um ausgeglichen und glücklich zu sein. Täglicher angemessener, abwechslungsreicher Auslauf und zwar bei jedem Wetter ist für den bewegungsfreudigen Naturburschen unbedingt nötig. Dabei muss er die Möglichkeit haben, sich richtig auszupowern und darf nicht nur an der kurzen Leine geführt werden. Am besten eignet er sich für sportliche Outdoorfans, die mit einfühlsamem Hundeverstand auf das sensible Wesen des Hütehundes eingehen. Langweilern und Couchpotaoes sei dringend von einer Anschaffung abgeraten, denn der intelligente Vierbeiner ist ein richtiges Arbeitstier, das am liebsten gemeinsam mit seinen Leuten etwas unternimmt. Kreative Action und Humor dürfen dabei nicht zu kurz kommen. Für den Border Collie ist Teamarbeit enorm wichtig, dabei ist er gerne unverzichtbarer Partner seines Hundeführers. Der temperamentvolle Vierbeiner liebt Hundesport jeglicher Art.

Abwechslung ist bei ihm Trumpf. Damit er aus Unterforderung und Langeweile keine neurotischen Macken an den Tag legt, darf auch anspruchsvolle Kopfarbeit nie fehlen. Überlegen Sie sich also vorab, ob Sie wirklich gewillt sind, Ihrem vierbeinige Freizeitpartner die Freude zu machen, mindestens einmal in der Woche viel Zeit auf einem Hundesportplatz zu verbringen.

Haben Sie den richtigen Draht zu Ihrem Border Collie, wird es nichts geben, was der treue Vierbeiner nicht für Sie tut. Menschen, die einen Border Collie rein als Prestigeobjekt ansehen, werden auf Dauer nicht glücklich mit einem fordernden Lebewesen wie es ein Hund nun mal ist. Auch der Vierbeiner hat hier vermutlich schlechte Karten, mit all seinen Bedürfnissen voll zum Zug zu kommen. Ist es Ihnen jedoch möglich, einen Border Collie gänzlich in Ihr Leben zu integrieren, geht es nun an die Auswahl des Hundes.

... und vergessen Sie nicht

Werden Sie beim Anblick eines niedlichen Border-Collie-Welpen nicht unüberlegt schwach, tätigen Sie also keinen Spontankauf, sondern denken Sie wirklich gründlich über eine Anschaffung nach. Selbst Mischlinge können noch viel Border-Blut in sich tragen und daher sehr anspruchsvolle Hunde sein.

Welpe oder erwachsener Hund?

Ein Welpe lässt sich noch gut formen, er entwickelt sich also größtenteils genau zu dem, was Sie aus ihm machen.

Haben Sie sich für die Anschaffung eines Border Collies entschieden, stehen Sie nun vor der Frage, ob Sie einen Welpen oder einen erwachsenen Vierbeiner aufnehmen wollen. Ein Welpe ist wie ein Rohdiamant, den Sie erst schleifen müssen. Dies kostet viel Zeit und Geduld, sicherlich auch Nerven und Anstrengungen. Er verlangt ständige Zuwendung, anfangs auch nachts. Es dauert eine Weile bis der kleine Kerl stubenrein ist. Außerdem muss er erst lernen, alleine zu bleiben, muss sich an fremde Menschen, Tiere und einen normalen Alltag gewöhnen. Hierfür braucht der Welpe Zeit, er sollte nicht unter- aber auch nicht überfordert werden. Wichtig ist, dass der Welpe möglichst viele positive Erfahrungen sammeln kann. Ein Welpe benötigt anfangs noch dreimal am Tag Futter. Zudem sind mehrere kurze Spaziergänge sinnvoller

als ein ganz langer, schließlich hat das Hundekind noch einen im Wachstum befindlichen, instabilen Bewegungsapparat, auf den sich zu viel Belastung folgenschwer auswirken kann. Die Erziehung eines jungen Hundes sowie die eventuell etwas renitente Flegelphase werden Sie voll und ganz fordern. Andererseits lässt sich ein Welpe noch gut formen, er entwickelt sich also größtenteils genau zu dem, zu dem sie ihn machen. Natürlich auch im negativen Sinne: Haben Sie nicht von Anfang an eine klare Linie in Ihrer Erziehung, bekommen Sie bald einen aufsässigen, verzogenen Fratz, der Ihnen im Erwachsenenalter schnell über den Kopf wächst.

Mit einem älteren Vierbeiner zieht dagegen schon eine ausgereifte Hundepersönlichkeit bei Ihnen ein. In der Regel ist ein erwachsener Border Collie aus dem Gröbsten raus, er ist stubenrein, ist mit Halsband und Leine vertraut, kann ab und zu mal alleine bleiben und kennt mindestens die erzieherischen Grundkommandos wie Sitz, Platz, Hier und Pfui. Kennen Sie allerdings nicht lückenlos die Lebensgeschichte Ihres Borders bis zum Zeitpunkt des Einzuges bei Ihnen, kaufen Sie möglicherweise die „Katze im Sack". Erst im alltäglichen Zusammenleben zeigen sich der genau Charakter, eventuelle Macken und das Verhalten des Vierbeiners. Daher kann die Aufnahme eines erwachsenen Hundes eher etwas für Kenner sein. Von Anfang an muss dem neuen Familienmitglied seine untergeordnete Stellung im Hunderudel klar gemacht werden. Klare Regeln und Grenzen sind sehr wichtig für ein harmonisches Miteinander.

Hunde-unerfahrene Menschen entscheiden sich also besser für einen Welpen als für einen gänzlich unbekannten erwachsenen Vierbeiner. Ersthalter können mit Hilfe einer guten Hundeschule gemeinsam mit ihrem Welpen wachsen und lernen. Auch, wenn bereits weitere Hunde oder andere Tiere im Haushalt leben, kann der Einzug eines Welpen das Zusammengewöhnen erleichtern. Ein junger Hund hat noch mehr Narrenfreiheit und wird eher spielerisch, aber doch bestimmt in die Rangordnung der anderen Rudelmitglieder eingewiesen. Bei einem erwachsenen, voll ausgereiften Neuzugang können dagegen gleich heftige Kämpfe um die Rudelposition ausbrechen.

Auch ein erwachsener Border Collie aus dem Tierheim kann ein absoluter Glücksgriff sein. Ideal ist es natürlich, wenn Ihnen seine Vorgeschichte lückenlos bekannt ist, so können Sie etwaigen Problemen gleich entsprechend vorbeugen.

Beachten Sie auch ...

Lassen Sie Ihrem vierbeinigen Neuzugang viel Zeit für die **Eingewöhnung**. *Am besten neh-*  *men Sie sich Urlaub, damit Sie sich erst einmal gegenseitig in Ruhe kennen lernen können. Machen Sie trotzdem nicht zu viel Aufhebens um Ihr neues Familienmitglied. Geben Sie Ihrem Hund genug Freiraum, sein jetziges Zuhause selbst zu erkunden. Zeigen Sie ihm andererseits vom ersten Tag an liebevoll, aber bestimmt, was er darf und was nicht. Respektieren Sie auch ausreichende Ruhephasen, in denen Ihr Vierbeiner nicht gestört werden möchte, schließlich sind die vielen neuen Eindrücke für ihn anstrengend und ermüdend.*

Rüde oder Hündin?

Nur mit der Kastration umgehen Sie dauerhaft die Läufigkeit Ihrer Hündin.

Ob Sie sich für einen Rüden oder eine Hündin entscheiden, ist Geschmacksache. Border Collie-Rüden werden etwas größer als Hündinnen. Oft wirken sie imposanter und selbstbewusster in der Körperhaltung. Sie sind in Vielem hartnäckiger als Hündinnen, weshalb ihre Halter bei der Ausbildung meist etwas mehr Durchsetzungsvermögen benötigen. Ein Rüdenbesitzer muss sich aber auch von Zeit zu Zeit auf einen liebeskranken und somit fürchterlich leidenden Vierbeiner einstellen und zwar dann, wenn eine Hündin in der Umgebung läufig ist. Etliche verliebte Casanovas tun ihren Schmerz um die unerreichbare Angebetete sogar lautstark kund. Diese Heulorgien können wiederum zu Ärger bei den Nachbarn führen. Außerdem erweisen sich viele liebestolle Vertreter als wahre Ausbrecherkönige, wenn es darum geht, ihrer „Traumfrau" näherzukommen. Ein intakter, genügend hoher Gartenzaun ist also bei unkastrierten Rüden besonders wichtig. Das

Border-Collie-Rüden werden etwas größer als Hündinnen. Oft wirken sie imposanter und selbstbewusster in der Körperhaltung.

Verhütung bei Hunden

*Bei der Kastration einer **Hündin** nimmt man operativ die Eierstöcke und meist auch die Gebärmutter heraus. Da nun die entsprechenden hormonproduzierenden Drüsen fehlen, ist der Geschlechtstrieb nach einer Kastration völlig ausgeschaltet.*

Das Risiko der Hündin, an Gebärmutterkrebs und an einem Gesäugetumor zu erkranken, wird durch die Kastration deutlich vermindert bzw. bei einer Kastration vor der ersten Läufigkeit praktisch ausgeschlossen. Der Grund dafür ist, dass mit der ersten Läufigkeit, also mit dem Ausbilden und Wirksamwerden der geschlechtsspezifischen Hormone im Gesäuge vorhandene Tumorzellen möglicherweise schon aktiviert werden können. Andererseits kann eine so frühe Kastration ein dauerhaft kindlich-kindisches Wesen der Hündin zur Folge haben, denn der Reifeprozess, der durch die Hormone ausgelöst wird, fehlt hier; dies muss jedoch kein Nachteil sein. Bei einer Operation nach der ersten Läufigkeit liegt das Krebsrisiko für die Hündin bei ca. 8 %, nach der zweiten Läufigkeit bei ca. 26 %.

*Ein **Rüde** ist kastriert, wenn seine beiden Hoden entfernt wurden.*

Kastrierte Tiere werden in der Regel ruhiger. Manche Hunde neigen anschließend verstärkt zu Fettansatz (Futtermenge anpassen), eventuellen Fellveränderungen oder zeigen Inkontinenz. Während man Hündinnen hauptsächlich zur Vermeidung unerwünschten Nachwuchses kastriert, erfolgt die Kastration eines Rüden häufig bei Verhaltensauffälligkeiten.

Selbstverständlich lassen sich Verhaltensauffälligkeiten, die durch Erziehungsfehler des Halters entstanden sind, nicht durch eine Kastration korrigieren.

Manche Rüden haben, bedingt durch zu viel Testosteron, einen übersteigerten Sexualtrieb, der mit Streunen, übertriebenem Imponiergehabe und aggressivem Konkurrenzverhalten gegenüber anderen Rüden einhergeht. Hier oder bei krankhaften Veränderungen der Geschlechtsorgane kann die Kastration eines Rüden durchaus nötig sein.

Beim Rüden wirkt die Kastration auch als vorbeugende Maßnahme gegen Prostataerkrankungen und Perinaltumore (= Zubildungen rund um den After).

Letztendlich liegt es in den Händen eines verantwortungsvollen Tierarztes, individuell zu entscheiden, ob eine Kastration angebracht ist oder nicht.

Eine Alternative zur operativen Trächtigkeitsverhütung stellt die medikamentöse Verhütung mittels Hormonpräparaten dar. Diese Methode sollte allerdings nicht auf längere Zeit eingesetzt werden, denn die hormonelle Manipulation einer Hündin erhöht die Wahrscheinlichkeit einer eitrigen Gebärmutterentzündung, die in der Regel wiederum nur operativ zu behandeln ist.

Eine weitere ganz neue Möglichkeit ist die Verhütung mittels Implantat, das wie ein Mikrochip unter die Haut gespritzt wird und alle sechs Monate ausgetauscht werden muss. Laut Hersteller ist dieses Implantat nebenwirkungsfrei, allerdings ist es nicht ganz billig (ca. 50.- € Materialkosten). Für Hündinnen ist das Verhütungsimplantat noch in der Probephase. Bei Rüden wird es bereits eingesetzt; es zeigt die gleiche Wirkung wie bei einer operativen Kastration.

ständige Markieren eines Rüden ist ebenfalls nicht jedermanns Sache. Hobbygärtner büßen dabei sicherlich die eine oder andere Pflanze ihres Gartens ein. Bei vermeintlich konkurrierenden Artgenossen lassen unkastrierte Rüden gerne den Macho raushängen, der auch mal mit viel Getöse einen Schaukampf um die Rangordnung anzettelt. Solche Auseinandersetzungen sind jedoch meist harmlos, während Hündinnen untereinander, aus der instinktsicheren Sorge um ihren vermeintlichen Nachwuchs, mit echten Beißereien nicht lange fackeln.

In der Regel haben Hündinnen eine zierlichere Statur als Rüden. Machtkämpfe wie sie bei Rüden um die hausinterne Rangordnung hin und wieder vorkommen können, sind bei Hündinnen eher selten. Trotzdem geben sie sich, vor allem hormonell bedingt, auch mal zickig.

Letztendlich liegt es in den Händen eines verantwortungsvollen Tierarztes, individuell zu entscheiden, ob eine Kastration angebracht ist oder nicht.

Eine zu frühe Kastration kann ein dauerhaft kindlich-kindisches Wesen der Hündin zur Folge haben.

Die läufige Hündin

Eine Border-Collie-Hündin wird ein- bis zweimal im Jahr läufig, zum ersten Mal ungefähr im neunten Lebensmonat. Meist fällt die erste Läufigkeit schwächer aus als die darauf folgenden.

In diesem Zeitraum, der etwa drei Wochen dauert, ist besondere Vorsicht geboten, damit es nicht zu unerwünschtem Nachwuchs kommt. Um Flecken im Haus zu vermeiden, ist ein spezielles Hundehöschen mit extra Slipeinlagen aus dem Fachhandel möglich. Normalerweise gewöhnt sich der Vierbeiner schnell daran. Ausnahmen bestätigen jedoch die Regel: Es gibt also auch Vertreterinnen, die sich gar nicht damit arrangieren können und alles versuchen, die Hose wieder loszuwerden. Möchten Sie die Läufigkeit Ihrer Hündin auf Dauer umgehen, schafft eine Kastration Abhilfe.

Insgesamt dauert die Hitze etwa 21 Tage. Sie unterteilt sich in drei Phasen: die ersten neun Tage nennt man Vorbrunst (Proöstrus), äußerlich zu erkennen am Anschwellen der Schamlippen. Nun wird die Hündin ruhiger, vielleicht etwas launisch und markiert anfangs häufig; manchmal frisst sie auch schlecht und neigt zum Streunen.

Während des Proöstrus' lässt die Hündin zwar noch keinen Rüden an sich heran, ihr Interesse am anderen Geschlecht wächst jedoch zunehmend. Allmählich tritt immer mehr schleimiges, mit Blut vermischtes Sekret aus der Scheide aus.

Die zweite Phase ist die sogenannte Hochbrunst oder Eisprungphase (Östrus). Zu diesem Zeitpunkt wandern die Eizellen vom Eierstock in den Eileiter; dort können sie befruchtet werden. Der Östrus dauert acht bis zehn Tage und ist zu erkennen am weiteren Anschwellen sowie einer noch stärkeren Durchblutung und somit Rötung der Schamlippen. Zu Beginn dieser zweiten Phase verstärken sich die schleimig-blutigen Ausscheidungen weiter, ehe sie schließlich in einen hellen Ausfluss übergehen. Ab etwa dem neunten Tag der Läufigkeit „steht" die Hündin; nun kann sie aufnehmen. Ihre Paarungsbereitschaft zeigt sie Rüden ganz klar durch eine vermehrte, fast aufdringliche Annäherung und das seitliche Wegknicken ihrer Rute.

Viele Hündinnen werden im Anschluss an ihre Hitze scheinträchtig – hier können homöopathische Mittel helfen.

Nach dem Östrus folgt schließlich der Metöstrus. In dieser Phase klingt die Läufigkeit langsam ab, die Schwellung der Schamlippen geht zurück, der Ausfluss wird immer weniger. Auch das Verhalten normalisiert sich allmählich wieder. Äußere Umstände wie Stress oder klimatische Einflüsse (z.B. starke Kälte) sowie Krankheiten können die Läufigkeit beeinflussen, sodass sie eventuell auch mal ausbleibt. Es ist außerdem möglich, dass sich die Abstände der Läufigkeit mit zunehmendem Alter der Hündin vergrößern und die Symptome nicht mehr so stark ausgeprägt sind.

Manche Hündinnen werden im Anschluss an ihre Hitze scheinträchtig. Hier haben sich homöopathische Mittel wie Pulsatilla oder Ignatia als hilfreich erwiesen. Geht die Scheinträchtigkeit jedoch mit Aggressivität, Apathie und übermäßiger Milchbildung einher, kann eine Kastration angebracht sein. Sprechen Sie in diesem Fall mit Ihrem Tierarzt.

Ein Hund aus dem Tierheim

Für die Übernahme eines Hundes aus dem Tierheim brauchen Sie zunächst viel Geduld und Einfühlungsvermögen. Häufig liegt die Vorgeschichte eines solchen Vierbeiners völlig im Dunkeln, unerwartete Verhaltensweisen können auftreten. Selbst bei einem Tierheim-Welpen wissen Sie oft nichts Näheres über seine bisherige Haltung. Da schon eine gute Kinderstube sehr wichtig und prägend für eine intakte Hundeseele ist, kann hier bereits einiges schief gelaufen sein, was sich nur schwer wieder ausbügeln lässt. Das Wesen der Elterntiere, die Sie im Tierheim meist nicht kennen lernen, ist ebenfalls ein wichtiger Anhaltspunkt für den späteren Charakter Ihres jetzt ausgesuchten Zöglings. Je nach früheren Erlebnissen hat Ihr junger oder älterer Border Collie vielleicht schon einige Macken, die Sie erst allmählich herausfinden müssen. Trotzdem lohnt es sich, diese Nuss behutsam zu knacken. Besuchen Sie Ihren auserwählten Liebling bereits im Tierheim häufiger und gehen Sie oft mit ihm spazieren, ehe Sie sich endgültig für eine Übernahme entscheiden. Die Auswahl eines Tierheimhundes erfordert besondere Sorgfalt, schließlich soll der Vierbeiner mit seiner neuen Familie zu einem echten Glückspilz und nicht, nach seinen ersten auftauchenden Eigenarten, zum erneut abgeschobenen Pechvogel werden.

Wenn Sie einen Hund aus dem Tierheim übernehmen, brauchen Sie ähnlich wie bei einem Welpen viel Zeit und Geduld.

Setzen Sie sich und den Vierbeiner von Anfang an nicht unter Druck. Geben Sie sich für die Gewöhnung aneinander unbedingt ausreichend Zeit. Weisen Sie Ihre Kinder schon im Vorfeld darauf hin, dass der neue Vierbeiner erst einmal Ruhe und Behutsamkeit zur Eingewöhnung braucht. Bevor sie auf ihn zustürmen und ihn streicheln wollen, sollten auch sie erst einmal genau beobachten, wahrnehmen und abwarten.

Beachten Sie ...

Die Übernahme eines Tierheimhundes erfordert in der Regel Hundeerfahrung, denn wie erwähnt, liegt die Vergangenheit des Vierbeiners häufig im Dunkeln. Manche Tierheimhunde erscheinen auf den ersten Blick unkompliziert und anpassungsfähig. In unterschiedlichen, oft ganz banalen Situationen des Alltags holen sie jedoch rasch frühere schlechte Erlebnisse ein und lassen sie dementsprechend reagieren. Für Anfänger wird dies unter Umstän-  *den zu einem unlösbaren Problem. Hundeerfahrene Menschen können sich dagegen kompetenter und souveräner darauf einstellen und damit auseinandersetzen. Erstlingshaltern sei daher geraten, zunächst einmal einen Border-Collie-Welpen von einem seriösen VDH- bzw. FCI-Züchter zu nehmen.*

Die Auswahl eines solchen süßen Vierbeiners sollte man sich als zukünftiger Hundebesitzer nicht zu einfach machen.

Fällt Ihre Wahl auf einen Hund vom Züchter, bekommen Sie eine aktuelle Wurfliste über die Welpenvermittlung der dem VDH angeschlossenen Rassevereine. Suchen Sie bereits einen Züchter aus, der die Ihren Ansprüchen entsprechende Zuchtlinie züchtet: möchten Sie also einen reinen Familienhund, ist die Showlinie ratsam; soll Ihr Border-Collie hingegen später als Gebrauchshund eingesetzt werden, wählen Sie einen Vierbeiner aus einer Arbeitslinie. Vergleichen Sie verschiedene Zwinger kritisch vor Ort miteinander. Prüfen Sie die Zuchtstätte ganz genau und nehmen Sie nicht den erstbesten Welpen vom erstbesten Züchter. Scheuen Sie sich nicht vor weiten Anfahrtswegen, immerhin geht um die sorgfältige Auswahl eines neuen Familienmit-

glieds, mit dem Sie viele glückliche Jahre teilen möchten. Stellen Sie sich auch auf eine eventuelle Wartezeit ein, denn häufig wird nur auf Nachfrage hin gezüchtet. Dies ist allerdings ein gutes Zeichen, spricht es doch für eine reine Hobbyzucht, die primär an die Hunde und nicht an den Profit denkt. Trotzdem muss Ihnen ein gesunder Border-Collie-Welpe einiges Wert sein: der durchschnittliche Welpenpreis liegt derzeit bei 900.- €.
Die Welpen sollen mit vollem Familienanschluss aufwachsen, sich bei Ihrem Besuch interessiert, selbstbewusst und freundlich zeigen. Ihr Fell glänzt, sie sind gut genährt und sehen rundum gesund aus. Das Verhalten der Welpen darf weder ängstlich noch aggressiv sein. Nehmen Sie außerdem die Mutter und,

falls anwesend, auch den Vater sowie deren Gesundheitszeugnisse und Wesenstests, gründlich in Augenschein. Beide Elterntiere müssen Ihnen gegenüber zutraulich und freundlich sein.

Achten Sie unbedingt auf Sauberkeit und Hygiene in der Zuchtstätte. Ein guter Züchter interessiert sich sehr für Sie, Ihr Umfeld und eventuell bereits vorhandene Hundeerfahrung. Außerdem wird er Sie in keiner Weise bedrängen oder Ihnen einen Welpen aufschwatzen. Andererseits fragt er Sie, für welchen Zweck Sie einen Border Collie anschaffen möchten, damit er Ihnen einen geeigneten Welpen aus dem Wurf konkret vorstellen kann, schließlich kennt er seine Hunde und deren Nachwuchs am besten. Das Wohl seiner Hunde liegt einem seriösen Züchter wirklich am Herzen.

Haben Sie sich schließlich für einen Züchter und einen seiner Welpen entschieden, vereinbaren Sie vor der Abholung Ihres Vierbeiners weitere Besuche, damit sich der Kleine schon etwas an Sie gewöhnt. Bringen Sie zusätzlich ein altes Handtuch mit, das in das Welpenlager gelegt, bald nach der Mutter und den

Die Welpen dürfen weder ängstlich noch aggressiv sein. Sehen Sie sich unbedingt die Mutter und, falls anwesend, auch den Vater sowie deren Gesundheitszeugnisse und Wesenstests genau an. So können Sie Rückschlüsse auf die Welpen ziehen.

Wurfgeschwistern riecht. Bei der Abholung des Welpen nehmen Sie dieses Tuch wieder mit und legen es ihm zuhause in sein neues Körbchen. Durch den weiterhin vorhandenen bekannten Geruch fällt ihm die Trennung von seiner Kinderstube nicht so schwer.

Beachten Sie außerdem ...

Nehmen Sie Abstand von Mitleidskäufen. Bei dubiosen Schwarzzuchten oder Hundehändlern liegen Herkunft, Aufzucht und Vergangenheit der Hunde oft völlig im Dunkeln, sodass Sie anstelle eines gesunden und wesensfesten Rassehundes schnell eine Mogelpackung bekommen, die Ihnen mit zunächst versteckten Krankheiten und Verhaltensstörungen ein Hundeleben lang Kummer bereiten kann. Das Warten auf einen Welpen von einer kontrollierten VDH- bzw. FCI-Zucht lohnt sich allemal. Hier gelten strenge Zuchtauflagen, die eine gute Basis für das Hervorbringen robuster, gesunder und wesensstarker Vierbeiner bilden. Ein gleichzeitiges Aufziehen mehrere Würfe (möglicherweise noch von unterschiedlichen Rassen) innerhalb einer Zuchtstätte sollte Sie stutzig machen, spricht dies doch sehr für eine rein kommerzielle Angelegenheit. Die deutschen VDH-Zuchtvereine verbieten solch ein Vorgehen.

Welches Zubehör ist nötig?

Für die richtige Fellpflege benötigen Sie Bürsten, Striegel und Kämme.

Für Ihren Welpen benötigen Sie zunächst ein **Welpenhalsband** oder **-geschirr** und eine leichte **Leine**. Als Material hat sich Nylon bewährt; im Vergleich zu Leder ist es leichter, stabiler, nässefester und problemloser zu reinigen. Der ausgewachsene Hund braucht später ein größeres und breiteres Halsband oder Geschirr sowie eine passende, stabile Leine. Gewöhnen Sie Ihr Hundekind sofort beispielsweise beim Fressen oder Spielen, an das Tragen eines Halsbandes, damit der Welpe das Halsband mit etwas Positiven verknüpft. Bringen Sie am Halsband neben der Steuermarke eine gravierte Plakette oder eine Hülse mit Ihrer Adresse und Telefonnummer an, damit Sie im Falle des Verschwindens Ihres Vierbeiners schnell benachrichtigt werden können. Achten Sie darauf, dass das Halsband nicht zu eng und nicht zu locker sitzt. Ein Finger muss problemlos zwischen Hals und Halsband passen.

Besorgen Sie außerdem für Haus und Garten je ein Set mit einem **Futter-** und einem **Wassernapf**. Edelstahl- oder stabile Plastiknäpfe sind die beste Wahl, da sie auch leicht zu reinigen sind. Im Fachgeschäft erhalten Sie spezielle Futterstationen mit zwei Näpfen.

Damit Ihr Hund nach seiner Ankunft nicht vor einem leeren Napf sitzt, kaufen Sie ein hochwertiges Welpenfutter ein; lassen Sie sich hierbei am besten von Ihrem Züchter beraten. Auch Belohnungsleckereien dürfen nicht fehlen.

Schlafplatz, Fellpflege und Spielzeug

Ihr Hund braucht seinen eigenen Liegeplatz. Manchen Vierbeinern genügt hier eine einfache Decke oder ein Kissen, andere kuscheln sich lieber in einen **Korb**. Wichtig ist in jedem Fall eine leichte, unproblematische Reinigung, denn ange-

messene Sauberkeit und Hygiene sind eine unverzichtbare Basis für ein langes, gesundes Hundeleben. Achten Sie darauf, dass alle Decken und Kissen maschinenwaschbar sind. Haben Sie einen Korb angeschafft, schrubben Sie diesen von Zeit zu Zeit aus und desinfizieren Sie ihn anschließend mit Ungezieferspray. Inzwischen sind nicht nur Hunde„körbe" aus Rattangeflecht erhältlich, sondern auch aus stabilem, beißfestem Plastik oder aus Schaumgummi und Kunstwatte mit Stoffüberzug. Als Übergangslösung hat sich für einen Junghund, der noch alles annagen und zerbeißen will, ein großer, mit einer Decke ausgelegter Karton bewährt, der schnell und preiswert ausgetauscht werden kann. Vielseitig verwendbar und ebenfalls sehr praktisch ist eine große Plastik-Transportbox oder ein Klappkäfig aus verchromtem Stahlgitter. Ihr Welpe findet darin bereits ein heimeliges Lager vor, in dem Sie ihn nach seiner Eingewöhnung während Ihrer Abwesenheit auch mal ausbruchssicher verwahren können. Später weiß sogar Ihr er-

Bringen Sie am Halsband neben der Steuermarke eine gravierte Plakette oder eine Hülse mit Ihrer Adresse und Telefonnummer an, damit Sie im Falle des Verschwindens Ihres Vierbeiners schnell benachrichtigt werden können.

wachsener Border Collie diese Rückzugsmöglichkeit zu schätzen, vermittelt das Innere so einer Box doch die Geborgenheit einer Höhle. Bei einer Klappbox kommt dieses Höhlenfeeling erst richtig auf, wenn Sie ihn noch mit einem großen Tuch abdecken. Käfig oder Box sind ebenfalls sehr hilfreich für eine sichere Unterbringung Ihres Hundes im Auto.

Eine ordnungsgemäße Sicherung des Vierbeiners in einem Auto ist übrigens Pflicht; bei Verstoß drohen hohe Geldstrafen. Sie können Ihren Border Collie auch mit einem speziellen Hundegurt auf der Rückbank anschnallen oder Sie verwenden ein Trenngitter, das den Schrägheckkofferraum, in dem Ihr Vierbeiner sitzt, sicher vom Personenabteil abtrennt. Mancherorts ist für die Beförderung in öffentlichen Verkehrsmitteln ein Maulkorb vorge-

EXTRA

Das richtige Hundespielzeug

Spielerisch kann dem Vierbeiner im Nu die Scheu vor einer solch praktischen Transportbox, sprich Hundehöhle, genommen werden.

schrieben, auch wenn Ihr Hund ganz friedlich ist.

Für den Fellwechsel im Frühjahr und Herbst benötigen Sie spezielle Bürsten, Striegel und Kämme für stock- oder langstockhaarige Hunde (je nach Fellart Ihres Border Collies). Handtücher zum Abtrocknen und Säubern dürfen für Schlechtwettertage nicht fehlen.

Schaffen Sie sich außerdem eine gute Zeckenzange an, um Ihren haarigen Freund schnell und effektiv von den lästigen Plagegeistern befreien zu können.

Zu guter Letzt braucht Ihr Vierbeiner natürlich Spielzeug.

Orientieren Sie sich bei der Auswahl des richtigen Hundespielzeuges an folgendem Grundsatz: Alles, was für Kleinkinder ungeeignet ist, kann auch für Hunde gefährlich werden. So sind spitze, scharfkantige und splitternde Gegenstände oder Dinge, in denen Drähte oder Nägel enthalten sind, für Ihren Vierbeiner absolut tabu. Verboten sind ebenfalls Äste von giftigen Bäumen oder Sträuchern und lackierte Hölzer. Luftballons stellen eine Gefahr dar, weil sie zerbissen schnell heruntergeschluckt werden und eine Darmverschlingung hervorrufen können. Achten Sie darauf, dass sich Ihr Border Collie nicht an den Spielsachen Ihrer Kinder wie beispielsweise Legobausteinen sowie an Schnüren, Nylonstrümpfen, Windlichtern oder Plastikbechern vergreift. Unproblematisch sind spezielle **Hundespielsachen** aus Hartholz, Jute, Hartgummi, Stoff und reißfestem Nylon.

Kauspielzeug aus natürlichen Materialien, wie Rinder- und Büffelhaut bietet nicht nur eine interessante Beschäftigung, sondern hat gleichzeitig einen gesundheitlichen Nutzen, denn es stärkt und reinigt das Gebiss. **Bälle** sollten immer so groß sein, dass sie Ihr Hund nicht verschlucken kann. **Quietschspielzeug** ist nur bedingt geeignet: ist Ihr Vierbeiner ein besonders eifriger „Spielzeug-Designer", zerlegt er auch ein Quietschtier schnell und frisst möglicherweise sogar das quietschende Ventil. Manche Kynologen vertreten außerdem die Meinung, dass ein Hund durch das ständige Quietschen die Beißhemmung gegenüber quiekenden Artgenossen verlernt. Besser bewährt haben sich Spielsachen aus robustem Hartgummi oder Naturkautschuk. Haben Sie einen begeisterten Apporteur zuhause, verzichten Sie wegen der Splittergefahr auf Stöckchen aus dem Wald; besorgen Sie ihm lieber Hartholzspielzeug aus dem Zoofachhandel. Diese Apportierhölzer kommen auch auf Hundeplätzen zum Einsatz. Als Alternative gibt es Bringsel aus Jute oder Leder, die absolut maulschonend sind. Ein aus bunten Baumwollschnüren zusammengedrehter Knoten ist zwar sehr beliebt, kann jedoch gefährlich werden, wenn der Vierbeiner den Knoten zerlegt und zu

viele Schnüre davon verschluckt. Für sprungbegabte Fangkünstler eignen sich Frisbee®-Scheiben aus reißfestem Nylon, die unterwegs schnell zusammengefaltet und platzsparend in Herrchens oder Frauchens Hosentasche verstaut sind.

Viele Border Collies stehen auf Frisbee®-Scheiben, die es speziell für Hunde in unterschiedlichen Materialien zu kaufen gibt.

Welpensicheres Zuhause

Bevor Ihr neuer Border Collie bei Ihnen einziehen darf, gibt es noch viel zu beachten.

Überprüfen Sie Ihr Zuhause schon vor dem Einzug eines Welpen auf mögliche Gefahrenquellen für den kleinen Vierbeiner und beseitigen Sie diese gegebenenfalls. Für den noch unerfahrenen, verspielten Border Collie, der ständig auf der Suche nach neuen Abenteuern ist, lauern etliche Gefahren in Haus und Garten. Welpen erkunden ihre Umgebung in erster Linie mit der Nase und mit den Zäh-

nen, das heißt: Alles, was Hund aufstöbert, muss beknabbert oder sogar gefressen werden. Besonders gefährlich und gefährdet sind hier Kabel und mobile Mehrfachsteckdosen. Verlegen Sie Kabel daher entweder in Kabelkanälen oder lagern Sie diese, solange der Welpe noch in der Flegelphase ist, höher. Versehen Sie Steckdosen am Boden und in Nasenhöhe des vierbeinigen Knirpses vorsichtshalber mit Kindersicherungen. Bewahren Sie Putzmittel und Medikamente ebenfalls außer Reichweite des jungen Border Collies auf. Erhöhte Vorsicht gilt bei Pflanzen, besonders, wenn sie giftig sind. Stellen Sie auch diese vorübergehend hoch oder quartieren Sie sie an einen anderen Ort um. Ein weiteres großes Gefahrenpotenzial stellen heruntergefallene Kleinteile wie Büroklammern, Stecknadeln oder Geldstücke dar, weil sie der

Gefährliche Treppen, wie etwa die rutschigen Steinstufen, lassen sich am besten mit einem Babygitter sichern.

Rechts: Ist die Ankunft eines vierbeinigen Familienmitgliedes gut vorbereitet, steht dem Einzug nichts mehr im Wege.

Welpe aus Neugier fressen könnte. Von ganz besonderer Anziehungskraft sind Schuhe. Junghunde spüren häufig mit einer erstaunlichen Zielsicherheit gerade das teuerste Paar auf und zerlegen es; vielleicht waren Sie aber auch schneller und haben die Schuhe rechtzeitig in Sicherheit gebracht. Hängen Sie auch Jalousie- und Rollobänder vorübergehend höher, denn das Fangen und Zerbeißen der „baumelnden" Schnüre ist ebenfalls sehr beliebt. Besonders interessiert ist der Welpe überall dort, wo es etwas auszuräumen gibt. Sichern Sie daher Möbeltüren oder Schubladen, die Ihr abenteuerlustiger Vierbeiner eventuell andernfalls mit seiner Schnauze oder Pfote öffnet. Ein mit einem Vorhang abgehängtes Regal regt enorm die Neugier eines jungen Hundes an. Evakuieren Sie also rechtzeitig empfindliche Gegenstände. Höchst attraktiv sind auch Abfalleimer, deren Inhalt Ihren Border Collie auf vielfältige Art schädigen kann. Steigen Sie deshalb besser auf Abfalleimer mit fest verschlossenem Deckel um. Nicht zuletzt ist das wilde Toben des kleinen Rackers gefährlich: Ist ein Welpe erst einmal in Fahrt, kennt er kein Halten mehr. Sichern Sie Treppen daher am besten mit einem Babygitter.

Natürlich müssen Sie generell alles Zerbrechliche aus dem Weg räumen.

Tipps für den Garten

Im Garten kann es für einen jungen Hund ebenfalls gefährlich werden. Denken Sie hier an Folgendes:

ⓘ *Umzäunen Sie Ihr Grundstück, damit sich Ihr Welpe nicht unerlaubt auf Wanderschaft begibt.*

ⓘ *Flicken Sie rechtzeitig vor Ankunft des Vierbeiners Löcher im bereits vorhandenen Zaun.*

ⓘ *Vorsicht mit der Aufbewahrung und Verwendung von Chemikalien im Garten (z.B. Dünger, Schneckenkorn etc.)!*

ⓘ *Lagern Sie gefährliche Stoffe wie beispielsweise Frostschutzmittel für das Auto in der Garage am besten in einem verschließbaren Schrank.*

ⓘ *Hängen Sie den Gartenschlauch sicherheitshalber auf.*

ⓘ *Bewahren Sie gefährliche Gartengeräte wie Scheren, Sägen, Rechen und Hacken außerhalb der Reichweite Ihres Hundes auf.*

ⓘ *Komposthaufen sollten für Ihren Border Collie unzugänglich sein.*

ⓘ *Schirmen Sie giftige Pflanzen vor Ihrem Hund ab oder entfernen Sie diese ganz.*

ⓘ *Vorsicht mit stacheligen Hecken und Büschen: Toben kann hier schnell ins Auge gehen!*

ⓘ *Sichern Sie einen eventuell vorhandenen Gartenteich.*

Die ersten Tage daheim

Für die Heimfahrt mit Ihrem Welpen sollten Sie sich viel Zeit lassen – schließlich ist für den Kleinen alles noch neu.

Ein seriöser Züchter gibt seine Welpen, geimpft und entwurmt, nicht vor der achten Lebenswoche ab. Am Abgabetag stattet er Sie mit dem Impfpass, der FCI-Ahnentafel (falls diese bereits vorliegt), Pflege-, Fütterungstipps und Futter für den Übergang aus. Außerdem sollten Sie auch eine Kopie des Wurf-abnahmeberichtes erhalten. Vergessen Sie zur Abholung Ihres Hundekindes Welpenhalsband und Leine nicht. Wenn Sie berufstätig sind, nehmen Sie sich mindestens in den ersten zwei Wochen nach Einzug des Vierbeiners frei. Dies erleichtert nicht nur die Erziehung zur Stubenreinheit, sondern ist auch für

ben. Legen Sie unterwegs mehrere Pausen ein, in denen sich Ihr kleiner Border Collie lösen und bewegen kann. Fahren Sie langsam und knallen Sie nicht mit den Autotüren.

Ihr Welpe zieht ein

Geben Sie Ihrem Welpen nach Ihrer Ankunft zuhause erst einmal genügend Zeit und Möglichkeit, sein neues Domizil ausgiebig zu erkunden. Auf keinen Fall dürfen alle Familienmitglieder gleichzeitig auf ihn einstürmen. Damit der neue Mitbewohner nicht verängstigt und überfordert wird, ist in den ersten Stunden besondere Behutsamkeit angebracht. Zeigen Sie Ihrem Welpen seinen Schlafkorb. Setzen Sie ihn immer wieder hinein und beschäftigen Sie sich dort eine Weile mit ihm. Verbinden Sie dies schon von Anfang an mit dem Kommando „Körbchen". Bald hat der Kleine verstanden, dass der Korb sein Platz ist; schnell lernt er auch, auf Befehl dorthin zu gehen. Hat sich die erste Aufregung für das Hundekind im neuen Heim etwas gelegt, bekommt es sein Futter. Ein achtwöchiger Welpe braucht noch vier Mahlzeiten. Eine Futterumstellung darf nur langsam erfolgen.

Spielen macht müde. Tragen Sie dem noch ausgeprägten Schlafbedürfnis Ihres Welpen unbedingt Rechnung.

die gesunde, seelische Entwicklung des Hundebabys sehr wichtig.

Lassen Sie sich für die Heimfahrt viel Zeit. Eine längere Autofahrt ist für Ihren Welpen neu und ungewohnt. Manchen Hundekindern wird zunächst einmal übel, einige speicheln daraufhin nur, andere müssen sich überge-

Daher mischen Sie am besten nach und nach das mitgegebene Futter des Züchters mit Ihrem eventuell neuen Futter. Bringen Sie den Welpen nach dem Füttern sofort ins Freie, damit er sich lösen kann. Verfahren Sie genauso, wenn Ihr junger Border Collie nach dem Schlafen aufwacht.

Vergessen Sie nicht, dass ein Welpe wie ein Baby noch sehr viel Schlaf benötigt, ein Bedürfnis, dem Sie unbedingt Rechnung tragen sollten. Stellen Sie das Körbchen zur Erleichterung der Eingewöhnung nachts zunächst direkt an Ihr Bett. Ist Ihr Hund sehr unruhig, legen Sie ihm einen Wecker unter sein Kissen. Das Ticken erinnert ihn an den Herzschlag der Mutter und beruhigt ihn. Werden Sie nicht

> ### Tipp für Second-Hand-Hundebesitzer
>
> *Eine kompetente Hundeschule kann sehr hilfreich sein, wenn es darum geht, die Talente und Vorlieben Ihres Border Collies herauszufinden. Häufig werden hier auch Spiel-, Spaß- und Sportkurse angeboten, die jeden Vierbeiner seinen Neigungen entsprechend fordern. Die intensive gemeinsame Beschäftigung mit Ihrem Hund wird Ihre Bindung zueinander weiter fördern und Sie bald zu einem unzertrennlichen Dream-Team zusammenschweißen.*

schwach und lassen Sie den Welpen nicht ins Bett. Damit tun Sie sich und dem Hund keinen Gefallen. Für den kleinen Neuankömmling wäre dies bereits der erste Schritt in der Rangordnung mit Ihnen zu konkurrieren. Streicheln Sie den, in seinem Körbchen liegenden Vierbeiner lieber von Ihrem Bett aus in den Schlaf. Die zärtliche Berührung mit Ihrer Hand gibt ihm all die Geborgenheit und das Vertrauen, das er braucht, um als Hundebaby einem neuen aufregenden Tag entgegen zu schlafen.

Viel Geduld mit Tierheimhunden

Ein Second-Hand-Hund benötigt besonders viel Zeit zur Eingewöhnung. Beobachten Sie den Neuankömmling ganz genau, um ein besseres Bild von seiner Persönlichkeit zu bekommen, Rasch finden Sie heraus, ob Sie nun ein extremes Sensibelchen oder eher ein forsches Raubein im Haus haben. Lassen Sie Ihrem Neuzugang nichts durchgehen, was er auch später nicht tun darf. Ein ehemaliger Tierheimhund wird in einer neuen Familie zunächst mit Reizen überflutet, die er erst einmal in Ruhe verarbeiten muss. Trotzdem ist es wichtig, Ihren Border Collie von Anfang an so natürlich wic möglich an Ihrem norma-

Nach dem Füttern und wenn Ihr junger Border nach dem Schlafen aufwacht, bringen Sie ihn möglichst sofort ins Freie, damit er sich lösen kann.

len Tagesablauf teilhaben zu lassen. Führen Sie sofort feste Fütterungs-, Spiel- und Spaziergehzeiten ein, damit Ihr vierbeiniger Kamerad bald seinen festen Rhythmus kennt. Hat sich die erste Aufregung gelegt, wird Ihr Hund auch Sie ganz genau beobachten. Einem Border Collie entgeht nichts. Er durchschaut schnell, wer in der Familie das Sagen hat und wer nicht und, wo es Schwachstellen in der familieninternen Rangordnung gibt. Daher ist es besonders wichtig, klare Regeln vorzugeben, die der Vierbeiner strikt einhalten muss. Nimmt Ihr Border Collie sofort einen eindeutigen Platz in der neuen Lebensgemeinschaft ein mit einem Mensch an der Spitze, an dem er sich orientieren kann, ist er rasch ausgeglichen und glücklich.

Gegenseitiges Kennenlernen

Auf Ihren ersten Spaziergängen sehen Sie, wie sich Ihr wedelnder Neuzugang Artgenossen gegenüber verhält. Auch für einen erwachsenen Border Collie ist der regelmäßige Kontakt zu anderen Hunden wichtig. Stellen Sie Ihrem Vierbeiner möglichst bald, jedoch an der Leine gehalten, eventuelle andere Haustiere vor. Hat Ihr wedelnder Kamerad in seiner Prägephase keine gute Sozialisierung erfahren, ist der Besuch einer Hundeschule empfehlenswert. Ein

Sie sind der Chef! Ihre Regeln hat der neue Vierbeiner einzuhalten – bleiben Sie konsequent. So bekommen Sie einen wohlerzogenen und souveränen Begleiter.

Der Kontakt zu Artgenossen ist ausgesprochen wichtig und gemeinsames Gassigehen macht auch mehr Spaß.

Second-Hand-Hund kann hier zusammen mit seinem Halter noch sehr viel lernen. Erziehungstechnisch brauchen Sie bei einem erwachsenen Hund meist nicht ganz bei Null anfangen, sondern können auf die bereits vorhandenen Grundlagen aufbauen; wichtig ist, dass Ihr Vierbeiner nun Sie als neuen Hundeführer und somit Kommandogeber akzeptiert. Konsequenz und Einfühlungsvermögen ihrerseits sind dabei unerlässlich; auch die richtige Motivation ist ein sicherer Garant für eine erfolgreiche und partnerschaftliche Erziehung; nur so macht es Ihrem Border Collie Spaß, Ihnen zu gehorchen.

Sozialisierung

In der ersten Sozialisierungsphase lernt der Kleine unter anderem das „Hunde-Einmaleins" durch seine Mutter und Geschwister.

Damit ein Hund einen stressfreien Alltag mit einem sozialverträglichen Verhalten gegenüber Mensch und Tier leben kann, muss schon der Welpe mit möglichst vielen Umweltreizen und Geräuschen vertraut gemacht werden. Die wichtigste Zeitspanne für die Sozialisierung liegt zwischen der dritten und etwa der 16. Lebenswoche. Für die erste Phase ist also der Züchter verantwortlich: bei ihm soll der Welpe nicht nur durch den Umgang mit seiner Mutter und den Wurfgeschwistern hündisches Verhalten lernen; auch möglichst viele positive Erfahrungen mit verschiedenen Menschen, einschließlich Kindern sind für die weitere Entwicklung des kleinen Vierbeiners wichtig. Daher sind bei einem verantwortungsvollen Züchter ab der vierten Woche Besucher willkommen, selbstverständ

lich wohl dosiert, um die Welpen nicht zu überfordern. Damit das Hundekind bereits mit diversen Umweltreizen vertraut wird, ist eine abwechslungsreiche Umgebung gut. Dies kann beispielsweise ein interessanter, kleiner Abenteuerspielplatz im Welpenauslauf sein. Kurze Ausflüge stehen dagegen erst auf dem Programm, wenn der Welpe komplett geimpft ist (ab der achten Lebenswoche).

Hundekinder, die bis zu ihrer Abholung (und auch danach) völlig abgeschottet von ihrer Umwelt leben, tragen in der Regel irreparable Schäden davon, die sie an einer normalen Entwicklung hindern. Solche Hunde bleiben häufig ihr Leben lang unglückliche Sorgenkinder, die sich ständig als unsichere Angsthasen oder auch Beißer gebärden. Nach der Abholung Ihres Border Collies vom Züchter

terung, denn dann verknüpft Ihr kleiner Border Collie die ungewohnten Geräusche gleich mit etwas Positivem. Steigern Sie die Lautstärke allerdings erst allmählich. Gewöhnen Sie Ihren jungen Vierbeiner ebenfalls frühzeitig an die Mitnahme und das gesittete Verhalten im Auto und in öffentlichen Verkehrsmitteln.

Durch neue Eindrücke lernen

Während Ihrer Spaziergänge lassen Sie den Welpen in Ruhe seine Umgebung erkunden. Streuen Sie zwischendurch kleine Spielchen ein, die all seine Sinne und vor allem auch das Interesse an Ihnen wecken. Auf diese spielerische Art merkt Ihr Border Collie schnell, dass es sich lohnt, Ihnen zu folgen. Wechseln

liegt die weitere Entwicklung des Welpen nun in Ihrer Hand. Machen Sie ihn schon zuhause mit möglichst vielen Situationen bekannt: sperren Sie ihn beispielsweise nicht weg, wenn Sie staubsaugen oder, wenn Besuch kommt. Natürlich heißt dies nicht, dass Sie sofort nach der Ankunft des Vierbeiners den Staubsauger schwingen oder gar eine große Party feiern sollen. Wie immer macht's die richtige Dosierung, damit der junge Border langsam, aber sicher alle Geräusche und Abläufe um ihn herum als völlig normal ansieht. Leben noch andere Tiere bei Ihnen, gewöhnen Sie alle Vierbeiner ganz behutsam aneinander. Um Ihren Welpen optimal auf Stadtausflüge vorzubereiten, können Sie Großstadtgeräusche zunächst von einer CD abspielen. Dies geschieht am besten während der Füt-

Verantwortungsvolle Züchter heißen ab der vierten Lebenswoche die Kleinen Besucher willkommen.

Häufiger Hundebesuch bei Ihnen zuhause wirkt „Einzelkindallüren" Ihres Border Collies entgegen, da dieser dann nicht mehr als „Alleinherrscher" im Mittelpunkt steht.

Sie öfters mal die Wege und provozieren Sie Begegnungen mit Artgenossen, anderen Tieren und Menschen. Beginnen Sie hier bereits spielerisch die Erziehung, indem Sie Ihrem Border Collie beispielsweise durch Ablenkung mit einem verlockenden Spielzeug schon beibringen, fremde Menschen nicht anzuspringen. Respektieren Sie auch, wenn ein anderer Hundebesitzer von einem Zusammentreffen mit Ihnen Abstand nimmt. Vielleicht genoss sein Hund nicht so eine gute Sozialisierung wie Ihrer. Nehmen Sie Ihren Welpen dann lieber an die kurze Leine und gehen Sie ohne direkten Kontakt am anderen Vierbeiner vorbei, schließlich muss Ihr Border Collie auch lernen, sich in solchen Situationen manierlich zu verhalten. Das Kennenlernen verschiedener Bodenuntergründe und von Wasser fällt ebenso in die wichtige Sozialisierungsphase. Unbedingt empfehlenswert ist der Besuch einer Welpenspielstunde in einer guten Hundeschule. Hier lernt der junge Vierbeiner zusammen mit gleichaltrigen Artgenossen, wie er sich hündisch korrekt verhält. Außerdem wird er dort mit unterschiedlichen Geräuschen und Gegenständen wie zum Beispiel einem aufgespannten Regenschirm oder flatternden Folien vertraut gemacht. Um eine gute Verträglichkeit mit Artgenossen zu fördern, empfiehlt sich zudem häufiger Hundebesuch bei Ihnen daheim. Da Ihr Border Collie dann nicht mehr als vierbeiniger Alleinherrscher im Mittelpunkt steht, kann dies sogar „Einzelkindallüren" entgegenwirken.

So finden Sie die passende Hundeschule

Hundeschulen und Tiertrainer gibt es inzwischen an vielen Orten. Welche Möglichkeiten Sie in Ihrer Region haben, wissen in der Regel Tierärzte, örtliche Tierheime oder andere Hundehalter. Auch überregionale Verbände und Organisationen sind kompetente Ansprechpartner. Haben Sie nun eine konkrete Hundeschule im Auge, prüfen Sie das Angebot mit dem folgenden Fragenkatalog genau (siehe Kasten Seite 50).

Merken Sie, dass Sie mit dem Trainer oder der angebotenen Methode nicht zurechtkommen, wechseln Sie die Hundeschule. Handeln Sie immer im Interesse Ihres Hundes. Nur ein

Beim Spaziergang darf der Welpe in Ruhe seine Umgebung erkunden. Beginnen Sie aber auch spielerisch nebenbei mit der Erziehung.

Welpenspielplatz zu Hause

Mit einfachen und ganz alltäglichen Dingen können Sie Ihrem Welpen leicht einen Abenteuerspielplatz für zu Hause kreieren. Führen Sie Ihr Hundekind an alle Stationen langsam heran und zeigen Sie ihm alles ganz behutsam. Vergessen Sie nie ein ausgiebiges Loben, wenn der Welpe mutig erkundet. Seien Sie geduldig mit Angsthasen und überfordern Sie diese nicht. Machen Sie den Spielplatz für ängstliche Vierbeiner noch interessanter, damit in jedem Fall deren Neugier geweckt wird. Taut der schüchterne Welpe auf und zeigt Interesse, loben Sie ihn gründlich.

ⓘ Befestigen Sie an einer Wäscheleine alte Stofffetzen: Hier lernt der Kleine, sich nicht von flatternden Dingen aus der Ruhe bringen zu lassen. Eine Stufe schwieriger wird's mit Folienresten, denn diese rascheln auch noch.

ⓘ Legen Sie eine große Malerfolie auf dem Boden aus: Dies ist ein unbekannter, raschelnder und glatter Untergrund, den es zu betreten gilt. Streuen Sie für Zaghafte Leckerli auf der Folie aus.

ⓘ Stellen Sie einen großen, offenen Karton auf, den Ihr Vierbeiner nach Herzenslust erkunden und anschließend auch zerlegen darf.

ⓘ Legen Sie eine Leiter auf den Boden und führen Sie Ihren jungen Border Collie langsam darüber. Hier ist Koordination gefragt, denn er lernt, seine Pfoten genau in die Leerräume zwischen den Sprossen zu setzen.

ⓘ Stellen Sie eine Hundetransportbox mit geöffneter Tür auf und verteilen Sie in der Box Leckerli: So wird der Welpe schon spielerisch mit der Box vertraut gemacht, verknüpft sie mit etwas Positivem (Futter) und empfindet später die Reise darin als etwas ganz Normales.

ⓘ Lassen Sie zunächst in großer (!) Entfernung vom Welpen eine aufgeblasene Butterbrottüte platzen, sodass er den Knall erst nur sehr gedämpft hört. Zusätzlich kann er währenddessen von einer

Verteilen Sie in einer offenen Transportbox Leckerli oder Spielzeug: So wird der Welpe schon spielerisch mit der Box vertraut gemacht.

Das ausgelassene Spiel mit dem Hundekumpel muss sein. Kein Welpenspielplatz, und sei er noch so gut, kann dies ersetzen.

zweiten Person abgelenkt werden. Wenn sich der Hund entspannt hat, ausgiebig loben und belohnen. Erhöhen Sie ganz langsam die Intensität des Geräusches. Auf diese Weise lernt ein Welpe Silvesterknallerei und Donnergrollen zu trotzen. Selbstverständlich funktioniert diese Übung auch wieder über eine aufgenommene Kassette oder CD, aber die Geräuschkulisse wie immer bitte maßvoll beginnen und nur langsam steigern.

ⓘ Haben Sie ein Zelt, so stellt auch das ein interessantes Erkundungsobjekt dar, das sowohl durch die Überdachung als auch durch den Zeltboden neu und aufregend ist.

ⓘ Legen Sie einen Eimer auf den Boden und lassen Sie ihn erkunden.

ⓘ Stellen Sie zum genauen Erforschen einen aufgespannten Sonnenschirm auf den Boden, legen Sie als Lockmittel Leckerli darunter aus.

Bitte beachten Sie, dass dieser Spielplatz für daheim auf keinen Fall das Welpenspielen auf einem Hundeplatz ersetzt. Es stellt lediglich eine gute Ergänzung dar, die Ihren Vierbeiner anderen Alltagssituationen gegenüber selbstbewusster und gelassener werden lässt.

Border Collie, der Spaß an der Sache hat, lernt gerne und leicht. Auch Sie können in einer kompetenten und sympathischen Hundeschule nette Freundschaften und Kontakte mit Gleichgesinnten knüpfen und einen wichtigen Erfahrungsaustausch pflegen.

Beobachten Sie genau, ob Ihr Border Spaß am Training hat, denn Freude an der Sache muss immer an erster Stelle stehen.

ⓘ *Ist der Trainer schon am Telefon bereit, ausführlich Fragen zu beantworten und fragt er Sie auch viel über Sie und Ihren Hund?*

ⓘ *Nach welcher Methode wird trainiert?*

ⓘ *Kann der Trainer eine fundierte Ausbildung nachweisen?*

ⓘ *Gibt es ein (eingezäuntes!) Trainingsgelände, auf dem die Hunde in Trainingspausen auch mal miteinander spielen dürfen?*

ⓘ *Wie groß sind die Trainingsgruppen? Zu große Gruppen lassen kaum noch Spielraum für die genaue Beobachtung und Beratung eines jeden Einzelnen.*

ⓘ *Gibt es auch Einzelstunden für individuelle Probleme?*

ⓘ *Stehen die Kosten in einem vernünftigen Verhältnis zum Angebot?*

ⓘ *Sind ein anfängliches Zusehen sowie ein Probetraining möglich?*

ⓘ *Stimmt die Chemie zwischen Ihrem Border Collie und dem Trainer sowie zwischen Ihnen und dem Trainer?*

ⓘ *Freut sich Ihr Vierbeiner, wenn es auf den Hundeplatz geht und hat er Spaß am Training?*

ⓘ *Macht Ihr Hund langfristig Fortschritte?*

Erste Erziehungsschritte

Gerade Ersthalter lassen sich häufig vom süßen Blick und putzigen Verhalten ihres neuen Familienmitglieds einwickeln und verschieben die Erziehung des kleinen Rackers zunächst einmal auf unbestimmte Zeit. Machen Sie diesen Fehler nicht. Am aufnahmefähigsten ist ein Welpe bis zur 18. Lebenswoche, nützen Sie also diese Zeit und fangen Sie sofort mit einer spielerischen Erziehung an. Ganz entscheidend für die Lernbereitschaft und damit auch die Lernfähigkeit ist das Lernklima. Stress und Angst sind Gift für ein erfolgreiches Lernen. Sicherlich können Sie das aus eigener Erfahrung gut nachvollziehen. Verschaffen Sie Ihrem Hund daher eine ruhige, angenehme und entspannte Atmosphäre, in der er, verstärkt durch die richtige Motivation, Spaß am Lernen hat.

Stubenreinheit

Ein Welpe braucht wie ein Menschenbaby zunächst ein gewisses Bewusstsein dafür, wo er sich lösen darf und wo nicht. Bei der Erziehung zur Stubenreinheit ist viel Behutsamkeit angebracht; überfordern Sie Ihren kleinen

Ihr Hund hat noch mehr Spaß am Lernen, wenn Sie ihm eine ruhige, angenehme und entspannte Atmosphäre verschaffen.

Border Collie nicht. Bringen Sie ihn nach jeder Mahlzeit, gleich nach dem Aufwachen und nach Spielrunden zum Lösen ins Freie. Beobachten Sie Ihr Hundekind ganz genau, denn auch, wenn er beispielsweise breitbeinig am Boden schnüffelt, ist schnelles Handeln angebracht, denn postwendend kann ein Pfützchen folgen. Verrichtet der Kleine draußen sein Geschäft, loben Sie ihn unbedingt überschwänglich.

Stellen Sie für die Nacht in Ihrem Schlafzimmer als anfängliches Welpenlager einen hohen Pappkarton oder eine Transportbox auf, aus der Ihr Vierbeiner nicht selbstständig herauskommt. Weil er sein eigenes Lager nicht beschmutzen will, wird er unruhig und fängt an zu winseln, wenn er muss; bringen Sie ihn dann schnell hinaus. Entdecken Sie ein Pfützchen im Haus, entfernen Sie es still-

Plötzliche Unsauberkeit

*Unsauberkeit im Erwachsenenalter kann viele Gesichter haben. Um eine organische Ursache abzuklären, suchen Sie zunächst einen Tierarzt auf. Kann dies zweifelsfrei ausgeschlossen werden, begeben Sie sich in Ihrem Umfeld bzw. in der Seele Ihres Hundes auf Spurensuche. Fühlt sich Ihr Hund einsam oder vernachlässigt, verkraftet er einen eventuellen Umzug nicht, ist er eifersüchtig oder wird er gar von Artgenossen aus der Umgebung gemobbt? Oftmals steckt ein psychisches Problem des möglicherweise unverstandenen Vierbeiners dahinter. Auf keinen Fall dürfen Sie Ihren Hund für seine plötzliche Unsauberkeit bestrafen. An erster Stelle muss stets die Ursachenforschung stehen. Daraufhin folgt eine Verhaltensänderung seitens des Besitzers und schließlich auch des Hundes. Unterstützend hat sich der Einsatz von **Bachblüten** bewährt. Um jedoch differenziert auf das jeweilige Problem des Vierbeiners eingehen zu können, empfiehlt sich anstelle einer willkürlichen Eigenmedikation ein ausführliches Gespräch mit einem veterinärmedizinisch erfahrenen Bachblütentherapeuten.*

schweigend und gründlich, damit Ihr Welpe nicht wieder, von seinem eigenen Geruch angezogen, an derselben Stelle uriniert. Ertappen Sie ihn gerade beim Lösen, heben Sie ihn mit einem bestimmten „Nein"

Je genauer Sie den Welpen beobachten und je schneller Sie auf seine Zeichen reagieren, umso rascher wird Ihr Vierbeiner stubenrein.

hoch und tragen Sie ihn ins Freie. Fährt er dort mit seinem Geschäft fort, loben Sie ihn wieder ausgiebig. Unterlassen Sie tunlichst das Hineinstupsen der Hundenase in die Hinterlassenschaften des Welpen, denn dies hat keinerlei Lerneffekt, ist Tierquälerei und somit als Strafe völlig ungeeignet; es führt nur zu einem Vertrauensbruch zwischen Ihnen und Ihrem Border Collie.

Anfangs sollten Sie Ihr Hundekind vorsichtshalber alle ein bis zwei Stunden hinausbringen. Je aufmerksamer Sie Ihren Welpen beobachten und je schneller Sie dann reagieren, umso rascher wird Ihr Vierbeiner stubenrein.

Leinenführigkeit

Mit ein paar Tricks können Sie Ihrem Welpen schnell ein ordentliches Gehen an der Leine beibringen. Bleiben Sie dabei auf Dauer konsequent, wird sich Ihr Border Collie auch später kein übermäßiges Ziehen angewöhnen. Machen Sie Ihr Hundekind zunächst einmal spielerisch mit seiner Leine vertraut. Lassen Sie es ausgiebig daran schnuppern und zeigen Sie ihm, dass hiervon absolut keine Gefahr für ihn ausgeht. Haben Sie Ihren Welpen angeleint, „überreden" Sie ihn mit einem Leckerli oder seinem Lieblingsspielzeug ein paar Schritte an der Leine zu gehen. Loben und belohnen Sie ihn ausgiebig, wenn er die Leine vergisst und Ihnen folgt. Stellt er sich stur, setzt sich hin oder lässt sich fallen, geben Sie nicht nach. Setzen Sie sich unbedingt spielerisch durch, denn einige Vierbeiner probieren bei dieser Übung bereits, wie weit sie mit ihrem Sturköpfchen gehen können. Versuchen Sie Ihren Welpen in

Die richtige Motivation spielt für den jungen Hund eine entscheidende Rolle. Loben Sie sofort ausgiebig bei jedem Schritt in die richtige Richtung.

einem solchen Fall abzulenken und locken Sie ihn zu sich. Die richtige Motivation spielt für den jungen Hund eine entscheidende Rolle. Loben Sie sofort ausgiebig bei jedem Schritt in die richtige Richtung.

Hat Ihr Border Collie die Leine erst einmal akzeptiert, geht es daran, ihn gar nicht erst zum Ziehen zu verleiten. Rufen Sie Ihren Hund zu sich und klopfen Sie sich dabei gleichzeitig aufmunternd ans Bein, sobald sich die Hun-

deleine spannt. Machen Sie sich interessant, indem Sie ein Leckerli oder das Lieblingsspielzeug Ihres Vierbeiners in der Hand halten. Reden Sie immer wieder mit Ihrem Border Collie und motivieren Sie ihn mit Spaß, an lockerer Leine bei Ihnen zu bleiben. Loben Sie ausgiebig, wenn Ihr Jungspund zu Ihnen kommt und auch bei Ihnen bleibt. Gehen Sie außerdem öfters neue Wege, so wird der tägliche Gang für Sie beide interessanter.

Erfolgreiche Verzögerungstaktik

Eine weitere Möglichkeit, eine gute Leinenführigkeit zu erreichen, ist, stehen zu bleiben, sobald sich die Leine spannt; reden Sie nicht mit Ihrem Hund und ziehen Sie auch selbst nicht an der Leine, sondern warten Sie einfach ab. Geht der Spaziergang nicht weiter, wird sich Ihr wedelnder Begleiter schnell umdrehen, um zu sehen, warum es eine Verzögerung gibt. Lockert sich in diesem Moment die Leine, loben Sie Ihren Vierbeiner sofort ausgiebig und setzen Sie Ihren Gang in die genau entgegengesetzte Richtung fort. Diese Übung erfordert viel Ruhe und Geduld. An-

Will Ihr Border nicht weitergehen, motivieren Sie ihn mit der Stimme oder einer Spielaufforderung.

53

fangs sind etliche Wiederholungen nötig, doch schließlich hat Ihr Border Collie verstanden, dass auf ein Ziehen an der Leine ein sofortiger Stillstand und anschließender Richtungswechsel erfolgt, kein Leinenzug jedoch viel Lob und Spaß bringt.

Ein Leinenruck oder -zug Ihrerseits ist nicht empfehlenswert, um übermäßiges Ziehen an der Leine einzudämmen. Zum Einen kann dies die empfindliche Halswirbelsäule und den Kehlkopf massiv verletzen; zum Anderen zeigen Sie dem Hund genau das Verhalten, welches Sie ihm eigentlich abgewöhnen wollen. Ziehen Sie auch dann nicht an der Leine, wenn Ihr Vierbeiner längere Zeit schnüffelt und nicht weiter gehen will. Motivieren Sie ihn lieber mit aufmunternden Worten oder einer Spielaufforderung zum Weitergehen. Das Weitergehen können Sie sogar üben, indem Sie immer das gleiche Kommando wie beispielsweise „Weiter" sowie eine auffordernde Handbewegung verwenden. Dies lernt Ihr Hund am schnellsten unangeleint auf einer Wiese. Weil sich Hunde sehr an Ihrer Körpersprache orientieren, ist es wichtig, dass Sie nach der gesprochenen Aufforderung „Weiter" auch wirklich weiter gehen und nicht stehen bleiben. Läuft Ihnen Ihr Border Collie

Hier hilft allein absolut konsequentes Training. Nur dann lernt der Kleine, an der Leine nicht derart zu ziehen.

Übertriebene Leinenführigkeit

Einige Hundeführer lassen ihre Vierbeiner an der Leine nur streng Bei-Fuß gehen; dies ist als Dauerzustand sicherlich übertrieben. Der Hund hat durch das ständige Bei-Fuß-Gehen keine Möglichkeit mehr, unterwegs stehen zu bleiben und zu schnüffeln. Da das Lesen und Setzen von Duftmarken für den Vierbeiner zu einem intakten Sozialverhalten und der internen Kommunikation mit Artgenossen gehört, macht ihm solch ein strenger Spaziergang schlicht und einfach keinen Spaß.

Ab und zu ein kleiner Zug nach vorne ist erlaubt und noch nicht als mangelnde Leinenführigkeit anzusehen. Gönnen Sie Ihrem bellenden Kamerad möglichst oft leinenfreie Phasen, in denen er sich nach Herzenslust so richtig austoben darf.

nach, loben Sie sofort wieder kräftig und geben Sie ihm ein Leckerli oder spielen Sie zur Belohnung mit ihm.

Alleinbleiben

Da man einen Hund nicht immer und überall hin mitnehmen kann, muss der Vierbeiner auch das gesittete Alleinbleiben von klein auf lernen. Lassen Sie Ihren Border Collie anfangs nur kurz allein und zwar erst, wenn er sich in seiner Umgebung ganz sicher und geborgen fühlt. Gehen Sie aus dem Zimmer, wenn er schläft oder mit einem Kauröllchen beschäftigt ist. Liegt Ihr Welpe bei Ihrer Rückkehr

Am liebsten ist der Border Collie mit dabei. Sie können ja aber Ihren Hund nicht immer und überall hin mitnehmen, also muss der Vierbeiner das gesittete Alleinbleiben lernen.

noch brav auf seinem Platz, loben Sie ihn. Vergrößern Sie langsam die Zeitspanne und verlassen Sie schließlich ganz das Haus. Machen Sie kein Drama aus Ihrem Weggang und verabschieden Sie sich nicht groß. Je mehr Aufhebens Sie um Ihren Aufbruch und Ihre Rückkehr machen, umso eher erziehen Sie Ihren Vierbeiner zu späterer Trennungsangst. Loben und belohnen Sie ihn jedoch, wenn er brav auf Sie gewartet hat.

Trotz aller Übung gibt es immer wieder Hunde, die sich sehr schwer mit dem gesitteten Alleinbleiben tun. Solch einem „Härtefall" können Sie die Zeit des Wartens mit einfachen Spielsachen versüßen.

Langeweile muss nicht sein

Damit Ihr Hund Ihre Gardinen, Möbel oder andere Einrichtungsgegenstände verschont, geben Sie ihm Pappschachteln oder leere Allzweckrollen, um seinen Frust abzureagieren.

Auch kleinere, stabile Kartons mit Deckel garantieren eine abwechslungsreiche Beschäftigung. Verstecken Sie darin in Zeitung gewickelte Leckerlis. Während Supernasen die Knabbereien sofort erschnuppern und eifrig „auspacken", können Sie für weniger Geübte einige „Duftlöcher" in den Deckel stechen.

Versteckt Ihr Hund gerne Leckereien, hat es sich bewährt, ihm Plätze in der Wohnung dafür einzurichten, an denen er nach Herzenslust „graben" darf. Hierfür verteilen Sie beispielsweise ausgediente Handtücher oder Decken an verschiedenen Stellen eines Rau-

Die Gesellschaft eines befreundeten „Leihhundes" hat schon so manchen Unruhegeist zur Vernunft gebracht, sodass er inzwischen sogar alleine bleiben kann – probieren Sie es aus.

mes. Dies schützt Sie auch davor, einen feucht-klebrigen Kauknochen oder ähnliches abends in Ihrem Bett zu finden.

Kurzweiliger wird das Warten ebenfalls mit einem Futterball aus dem Zoofachhandel, der nur ab und zu, bei bestimmten Bewegungen, über verschieden große Öffnungen Leckerlis frei gibt. Hier muss der Hund Geduld und

Geschicklichkeit beweisen, wodurch er von anderem Schabernack abgelenkt wird.

Läuft während Ihrer Abwesenheit das Radio, fühlt sich Ihr Border Collie nicht so einsam.

Da geteiltes Leid bekanntlich halbes Leid ist, kann auch die Anschaffung eines Zweithundes oder die vorübergehende Vergesellschaftung mit einem befreundeten „Leihhund" aus der Nachbarschaft helfen. Letzteres hat schon so manchen Quälgeist zur Vernunft gebracht, sodass er inzwischen sogar alleine und, ohne außerplanmäßige Dummheiten zu machen, auf Herrchens Heimkehr wartet.

Hat Ihr Vierbeiner während Ihrer Abwesenheit etwas angestellt, schimpfen Sie ihn nicht; dafür müssten Sie ihn wirklich auf frischer Tat ertappen, ansonsten bringt er die Bestrafung nur mit Ihrer Rückkehr, nicht aber mit seinem Vergehen in Zusammenhang. Ignorieren Sie Ihren Hund lieber, bis alle Spuren beseitigt sind.

Abgewöhnen von Jugendsünden

Ab etwa dem achten Lebensmonat beginnt die Flegelphase eines Junghundes. In diese Zeit fällt auch die Geschlechtsreife des Vierbeiners. Nun testet Ihr Border Collie vermehrt aus, wie weit er bei Ihnen gehen kann, ob er Ihnen wirklich gehorchen muss oder nicht. Außerdem stellt der Jungspund allerhand Unfug an. Manche Hunde sind hierbei unglaublich einfallsreich. Kein Wunder, schließlich suchen sie mit ihrem aufmüpfigen Verhalten ihre genaue Rangposition innerhalb des Familienrudels. Damit Ihnen Ihr Border Collie nun nicht langsam aber sicher über den Kopf wächst, ist spätestens jetzt ein konsequentes Grenzensetzen enorm wichtig. Achten Sie auf feste sowie klare Regeln und einen strukturierten Tagesablauf für Ihren Vierbeiner. Somit merkt er schnell, wer in der Familie das Sagen hat; er orientiert sich daran und passt sich an.

Weitere Tipps

Müden Hunden fällt das Alleinbleiben leichter. Gehen Sie daher vorher mit Ihrem Vierbeiner spazieren oder spielen Sie mit Ihm. Auch satte Hunde sind schläfrig. Es empfiehlt sich also außerdem, Ihren Border Collie vor Ihrem Weggang zu füttern. Lassen Sie ihn anschließend aber noch einmal nach draußen, damit er sich lösen kann. Viele Hunde tröstet schon ein vertrautes Kleidungsstück wie ein ausrangierter Socken oder eine alte Jacke von Ihnen im Körbchen.

In der Flegelphase stellt der Jungspund oft aller-hand Unfug an. Manche Hunde sind hierbei unglaublich einfallsreich.

Stellen Sie Ihrem Border Collie vor allem in der Flegel-phase genügend Knabberspielsachen zur Verfügung, denn viele Jungspunde kauen schlichtweg aus Langeweile heraus.

Knabber- und Beißspiele

Absolut unerwünscht ist das Beknabbern und Zerbeißen von Schuhen oder Ähnlichem. Der vierbeinige Teenager zwickt auch gerne in Hände, Füße und (Hosen-)Beine. Zwar ist das Knabbern nicht generell schlecht, immerhin nimmt der Junghund damit seine Umgebung ganz genau unter die Lupe; neue Dinge lernt er also auf diese Weise erst einmal kennen. Trotzdem müssen Sie dieses Verhalten zuhause in die richtigen Bahnen lenken. Am besten bekommt Ihr Border Collie gar keine Gelegenheit, an Ihre Schuhe oder Socken zu gelangen. Hat er doch einmal etwas Unerlaubtes zwischen den Zähnen, nehmen Sie es ihm mit einem energischen „Nein" weg. Nach einer kurzen Pause lenken Sie ihn mit einem kleinen Spiel ab, und geben ihm anschließend ein erlaubtes Kauspielzeug. In dieser Phase

ist es besonders wichtig, dem Vierbeiner genügend „legale" Knabberspielsachen aus Hartgummi, Hartholz oder Büffelhaut zur Verfügung zu stellen, denn häufig kaut der Welpe schon aus Langeweile. Ebenfalls unerlässlich ist natürlich eine angemessene Auslastung durch Spaziergänge und Spiele.

Vergreift sich Ihr Border Collie im Spiel zu fest an Ihrer Hand, reagieren Sie erneut mit einem „Nein" und beenden Sie das Spiel sofort. Bald stellt der Kleine sein Zwicken ein, denn der stets folgende Spielentzug macht das Beißen unattraktiv.

Betteln

Füttern Sie Ihren Hund am Tisch, erziehen Sie ihn regelrecht zum Betteln. Selbst wenn Sie dieses Verhalten nicht stört, fallen Ihr Junghund und damit auch Ihre Erziehung bei Besuchern oder in einer eventuellen Pflegestelle doch sehr negativ auf. Damit es erst gar

Bekommt Ihr Hund Leckerbissen vom Tisch, brauchen Sie sich über penetrantes Betteln nicht zu wundern.

Ihr Border Collie beobachtet Sie genau und wartet eine günstige Gelegenheit für seinen „Diebstahl" vom Tisch ab. Lassen Sie am besten nichts Essbares unbeaufsichtigt liegen.

nicht so weit kommt, richten Sie Ihrem Vierbeiner von Anfang an einen eigenen, festen Futterplatz ein; nur hier wird er gefüttert. Geben Sie Ihrem Border Collie grundsätzlich nichts zu fressen, während Sie auch noch essen. Während Ihrer Mahlzeit muss Ihr Vierbeiner auf seinem Platz liegen. Möchten Sie ihm dennoch ein kleines Stückchen Wurst oder Käse von Ihrer Brotzeit aufheben, geben Sie es dem Hund trotzdem erst, wenn Sie mit Essen fertig sind.

Futterklau

Viele Hunde klauen bei jeder Gelegenheit wie die Raben alles Essbare vom Tisch. Dies ist dem Vierbeiner nur schwer abzugewöhnen, denn es handelt sich dabei um ein selbst belohnendes Verhalten: der Hund wird mit dem geklauten Futter umgehend für seine Tat belohnt. Diese Verstärkung bringt Ihren Hund also dazu, die unerlaubte Handlung immer wieder durchzuführen. Am besten lassen Sie nichts Essbares in Reichweite Ihres Border Collies liegen.

Schimpfen Sie Ihren Hund nur, wenn Sie ihn auf frischer Tat ertappen, ansonsten hat er

seinen Diebstahl vergessen und bringt die Strafe mit Ihrer Rückkehr in Verbindung. Einen Futterklau können Sie auch provozieren und gleich mit einem schlechten Erlebnis für den Vierbeiner kombinieren: Befestigen Sie dafür an einem besonders verlockend duftenden Leckerbissen laut scheppernde Blechdosen. Platzieren Sie die Verlockung nun genau an der Tischkante. Entfernen Sie sich anschließend aus dem Zimmer und lassen Sie Ihren Hund mit der Versuchung allein. Schnappt er jetzt nach der Leckerei, fallen auch die Dosen lärmend zu Boden. Ihr Dieb erschreckt sich und wird so schnell nichts mehr vom Tisch klauen. Eine weitere Möglichkeit, Ihrem Vierbeiner das Stehlen zu verleiden, besteht darin, etwas Zitronensaft oder Pfeffer über Ihr verlockendes Essen zu geben und den Vierbeiner damit alleine zu lassen. Möchte er nun den vermeintlichen Leckerbissen klauen, wird er sein saures oder scharfes Wunder erleben und Ihr Essen in Zukunft meiden.

Springen auf Möbel

Weil Hunde erhöhte Sitz- und Liegeplätze lieben, springen sie gerne auf das Bett, die Couch oder einen Sessel. Neben dem gemütlichen Liegekomfort spielt hier auch die tolle Rundumsicht, mit der Hund stets alles im Blick hat, eine Rolle. Im Prinzip spricht nichts dagegen, wenn Ihr Border Collie auf Kommando hinauf- und wieder hinabspringt. Tut er das nicht, oder nur unter Protest, lassen Sie ihn gar nicht mehr nach oben. Den Hund hierfür zu bestrafen nützt allerdings wieder nur, wenn Sie den Täter prompt überführen. Machen Sie Ihrem Vierbeiner bevorzugte Liegeflächen wie Bett oder Couch während Ihrer Abwesenheit so ungemütlich wie möglich:

legen Sie eine dünne Decke aus, unter der Sie lärmende Gegenstände wie Topfdeckel oder mit Kieselsteinen gefüllte Blechdosen verstecken. Springt Ihr Hund nun auf das so präparierte Sofa, erschreckt er durch die laut scheppernden Dinge. Auch der Liegekomfort ist dadurch stark beeinträchtigt, Ihre Couch verliert somit schnell ihren Reiz.

Übermäßiges Bellen

Dauerkläffen kann verschiedene Ursachen haben. Viele Hunde bellen, um mehr Aufmerksamkeit zu bekommen. Ihre wütende Reaktion reicht ihnen meist schon als Bestätigung und Motivation, weiterzumachen. Andere Vierbeiner bellen aus Unsicherheit oder Angst: etliche sensible Vertreter werden gerade während Ihrer Abwesenheit aus Verlassensangst laut (siehe Kapitel „Alleinbleiben"). Manchen Kläffern wurde das Bellen auch unbewusst anerzogen: gerade bei Junghunden wird das Anschlagen häufig in bestimmten Situationen durch eine Belohnung gefördert. Border Collies sind in der Regel sehr wach-

Hunde lieben erhöhte Aussichtsplätze. Aber aufs Sofa sollte der Border Collie nur mit Ihrer Erlaubnis dürfen und vor allem ohne Murren wieder herunterspringen.

Damit übermäßiges Bellen aus Langeweile unterbleibt, ist ein vielseitiges Beschäftigungsprogramm wichtig.

sam, was vor allem in Verbindung mit Langeweile zu einem lästigen Dauerbellen führen kann. Oft steigern sich Hunde immer weiter in ihr Kläffen hinein. Um übermäßiges Bellen abzustellen, ist in erster Linie eine intensive, auslastende Beschäftigung wichtig. Fordern Sie Ihren Border Collie mit einer alternativen Aufgabe. Loben und Belohnen Sie Ihren Hund in Bellpausen ausgiebig. Lassen Sie Ihren redseligen Vierbeiner während seiner „Arie" ins „Platz" gehen: im Liegen fühlen sich Hunde unsicherer und möchten nicht noch zusätz-

lich auf sich aufmerksam machen. Auch ein großer Kauknochen kann hilfreich sein.

Bellt Ihr Border Collie im Garten oder auf dem Balkon, wirkt eine Wasserpistole mit größerer Reichweite Wunder: der Hund wird überraschend getroffen und verbindet die Strafe nicht mit Ihrer Hand.

Grundkommandos

„Sitz"

Sobald Ihr Border Collie zuverlässig auf seinen Namen reagiert, beginnen Sie mit der „Sitz"-Übung. Nehmen Sie hierfür ein Leckerli in die Hand, zeigen Sie es Ihrem Hund, damit er aufmerksam wird, aber geben Sie es ihm noch nicht. Führen Sie nun den Futterbrocken langsam an der Nasenspitze des Vierbeiners vorbei nach oben und dann nach hinten, in Richtung Hundestirn. Da Ihr haariger Schüler dem verlockenden Leckerbissen folgen möchte, muss er sich am Ende Ihrer Handbewegung zwangsläufig hinsetzen. Belohnen Sie ihn jetzt sofort mit der Leckerei, sagen Sie dabei das Kommando „Sitz" und

Wenn Ihr Border Collie zuverlässig auf seinen Namen reagiert, können Sie mit der „Sitz"-Übung beginnen. In der Regel lernen Hunde dieses Kommando sehr schnell.

loben Sie ihn ausgiebig. Wiederholen Sie diese Übung mehrmals täglich. Setzt sich Ihr Vierbeiner nicht hin, drücken Sie zusätzlich sanft sein Hinterteil nach unten. Loben und belohnen Sie sofort, wenn er sitzt und geben Sie auch den Befehl „Sitz". Klappt die Lektion schließlich auf Kommando, verwenden Sie zusätzlich zur Sprache ein Sichtzeichen (z.B. erhobener Zeigefinger). Später genügt das visuelle Signal, damit Ihr Border Collie absitzt. Das Erlernen von Sichtzeichen kann Ihnen und Ihrem Hund vor allem auf die Entfernung

hin sehr nützlich sein. In der Regel lernen Hunde das „Sitz" sehr schnell.

„Platz"

Da das Hinlegen auf Befehl vom Hund als Unterordnung empfunden wird, ist das Einüben des „Platz"-Befehls häufig schwieriger als das Erlernen des Kommandos „Sitz". Nicht jeder Vierbeiner möchte sich so einfach ergeben, daher kann es hierbei vor allem mit sehr selbstbewussten Hunden Probleme geben.

Lassen Sie Ihren Border Collie zunächst vor Ihnen absitzen und anschließend an Ihrer Hand schnuppern, in der ein Leckerli ver-

---

Aufgepasst!

*Trainieren Sie mit Ihrem Border Collie nur, wenn Sie seine volle **Aufmerksamkeit** haben. Machen Sie sich für Ihren Hund zunächst also mit einem Leckerli oder seinem Lieblingsspielzeug interessant. Beginnen Sie die Übung erst, wenn Ihr Vierbeiner genau auf Sie achtet.*

---

steckt ist. Gehen Sie dann mit Ihrer verlockend duftenden Hand von der Hundenase abwärts zwischen den Vorderbeinen des Hundes bis auf den Boden; dort angekommen ziehen Sie das Leckerli langsam zu sich her. Da Ihr haariger Schüler dem Futterbrocken mit der Nase folgen möchte, wird er sich aus Bequemlichkeit am Ende von selbst hinlegen, um besser an Ihre Hand zu gelangen. Sagen Sie genau in diesem Moment „Platz", loben Sie den Hund ausgiebig und belohnen Sie ihn mit dem Leckerli. Steht Ihr Vierbeiner bei dieser Übung lieber auf, anstatt sich hinzulegen, helfen Sie mit sanftem Druck auf seine Schultern etwas nach. Bei Erfolg Lob und Belohnung sowie das gesprochene Kommando

Das Kommando „Platz" lernt Ihr Hund am leichtesten mit einem Leckerli aus der „Sitz"-Position heraus.

nicht vergessen. Klappt das „Platz", führen Sie ein zusätzliches Sichtzeichen ein. Winkeln Sie dafür beispielsweise Ihren Unterarm im 90°-Winkel an und strecken Sie ihn langsam nach unten aus; Ihre Handfläche bleibt ebenfalls dabei gestreckt.

„Bleib"

Das Kommando „Bleib" wird in der Hundeerziehung oft unterschätzt. In vielen Situationen kann es von großer Bedeutung sein, den Vierbeiner in einer bestimmten Position verharren zu lassen, beispielsweise vor dem Bäcker, im offenen Kofferraum, an einer Straße oder um den Hund von der Verfolgung von Wild oder einer Katze abzuhalten.

Am einfachsten lernt Ihr Border Collie den Befehl „Bleib" über die Grundkommandos „Sitz" und „Platz". Lassen Sie Ihren Vierbeiner zunächst vor Ihnen absitzen oder abliegen. Kombinieren Sie dabei das „Sitz" oder „Platz" ab jetzt mit dem Wort „Bleib"; verwenden Sie zusätzlich von Anfang an folgendes Sichtzeichen: Ihre Handfläche zeigt am ausgestreckten Arm zu Ihrem Hund. Dies symbolisiert Ihrem Border Collie ein Stopp bzw. ein Verharren in der momentanen Position. Erstrecken Sie das „Bleib" anfangs nur über eine sehr kurze Zeitspanne und steigern Sie diese erst allmählich. Sparen Sie wie immer nicht mit Lob. Schimpfen Sie andererseits nicht, wenn Ihr wedelnder Schüler zunächst nicht in der gewünschten Stellung bleibt. Hier helfen nur Geduld und ein ruhiges „Nein" sowie das anschließende erneute In-Position-Bringen unter Verwendung der ent-

Lern-Tipps

Trainieren Sie kein neues Kommando ehe das vorher angefangene nicht sicher klappt! Üben Sie nie mit Ihrem Hund, wenn Sie gestresst und schlecht gelaunt sind oder keine Zeit haben. Ihre negative Stimmung überträgt sich sofort auf Ihren vierbeinigen Schüler; er ist dadurch verunsichert und bekommt unter Umständen eine Lernblockade. An erster Stelle des Trainings muss immer Spaß und gute Laune stehen.

sprechenden Befehle (z.B. „Sitz und Bleib") und des Sichtzeichens. Vergrößern Sie neben dem Zeitfaktor allmählich auch die Entfernung zum Hund. Erhöhen Sie den Schwierigkeitsgrad nach und nach, indem Sie die Übungsorte wechseln, und außerdem für Ihren Border Collie Ablenkungen schaffen, auf die er natürlich nicht reagieren darf (z.B. durch Geräusche, Gegenstände, andere Menschen, andere Hunde). Selbst, wenn Sie außer Sichtweite sind, sollte Ihr vierbeiniger Gefährte schließlich in der gewünschten Position verharren. Erschweren Sie die Übung immer erst dann, wenn der vorausgegangene Schritt wirklich sitzt. Beherrscht Ihr haariger Kamerad das Kommando „Bleib" perfekt, können

Beherrscht Ihr haariger Kamerad das Kommando „Bleib" perfekt, können Sie es ab jetzt in Ihren Alltag einbauen. Vergessen Sie dabei nicht das Sichtzeichen.

„Bleib"-Training für Regentage

Den „Bleib"-Befehl können Sie an Regentagen auch gut in der Wohnung üben. Entfernen Sie sich zunächst nur innerhalb des Zimmers vom Hund. Solange Sie noch in Sichtweite sind, verwenden Sie unbedingt zum gesprochenen Kommando das Sichtzeichen, ein Signal, das Ihnen in freier Natur auf große Entfernung hin wertvolle Dienste leistet. Später verlassen Sie den Raum ganz, wobei Ihr Border Collie seine Position solange nicht verändern darf bis Sie es ihm erlauben. Erfinden Sie aus dieser Übung heraus Indoor-Spiele wie beispielsweise „Verstecken" (Mensch, Gegenstände, Futter etc.). Sparen Sie selbstverständlich auch bei Spielen nie mit Lob. Stecken Sie Ihren eifrigen Vierbeiner mit guter Laune an, nur so macht Lernen Spaß!

Nützen Sie bei einem Welpen den noch vorhandenen Folgetrieb aus und beginnen Sie bereits mit einem verlockenden Leckerli die „Hier"-Übung.

Sie es ab jetzt in Ihren Alltag integrieren und Ihren vierbeinigen Musterschüler beispielsweise in Erwartung eines leckeren Mitbringsels vor einem Supermarkt, während eines Ausflugs vor einem stillen Örtchen oder bei der Beeren- und Pilzsuche im Wald neben Ihrem Rucksack bedenkenlos warten lassen. Auch als ruhig verharrendes Fotomodell macht Ihr Border Collie nun eine gute Figur.

„Hier"

Üben Sie das Herkommen zunächst in einem abgeschlossenen Terrain, in dem sich für den Hund möglichst wenige Ablenkungen bieten. Stellen Sie sich in kurzer Distanz vor den Hund hin und gehen Sie in die Hocke. Haben Sie die volle Aufmerksamkeit Ihres Border Collies, rufen Sie ihn beim Namen und gleich darauf das Kommando „Hier". Locken Sie Ihren Hund zusätzlich mit einem Leckerli oder seinem Lieblingsspielzeug. Kommt der Vierbeiner auf Sie zu, loben und belohnen Sie ihn ausgiebig. Vergrößern Sie die Distanz nach und nach. Gehen Sie jedoch wie immer

erst zur nächsten Trainingseinheit über, wenn die Vorherige sicher sitzt. Loben Sie den Vierbeiner wieder überschwänglich, wenn er bei Ihnen ankommt.

Klappt das „Hier" zuverlässig in abgeschlossenem Terrain, beginnen Sie mit ersten Übungen im freien Feld. Dabei leistet eine lange Schlepp-Leine gute Dienste. Lassen Sie die Leine neben dem Hund schleifen. Auf das Kommando „Hier" ziehen Sie Ihren Border Collie sanft zu sich her. Schnell lernt Ihr haariger Gefährte, Ihren verlängerten Arm zu respektieren und zuverlässig auf Befehl zu kommen, auch wenn Ablenkungen in der Nähe sind.

Die tägliche Fütterung eignet sich ebenfalls als Lockmittel. Wartet der Hund beispielsweise hungrig auf sein Futter, bringen Sie ihn in ein anderes Zimmer, in dem ihn eine Hilfsperson festhält. Gehen Sie dann zurück zum Napf und rufen „Hier", wird der Vierbeiner losgelassen und rennt sofort zu Ihnen beziehungsweise seinem heiß ersehnten Fressen. Bei dieser Methode verknüpft Ihr Border Collie den „Hier"-Befehl immer mit etwas Angenehmem.

Kommt Ihr Hund mehr oder weniger zufällig zu Ihnen, sagen Sie erneut sofort das Kommando „Hier" und loben und belohnen Sie ihn überschwänglich. Selbst dieses Zufallsprinzip ist Erfolg versprechend.

Lob und Strafe

Der Schlüssel zu einer erfolgreichen Hundeerziehung ist Lob. Belohnen Sie jeden Schritt in die richtige Richtung eines erwünschten Verhaltens sofort, auch wenn Ihr Hund zufällig handelt. Nur so motivieren Sie Ihren Vierbeiner, aus Spaß an der Freude mit Ihnen

Der Entzug von Zuwendung ist viel wirkungsvoller als Gewalt. Unerwünschtes Verhalten sollte von Ihnen ignoriert werden.

Machen Sie sich interessant

Macht Ihr Hund keine Anstalten, auf Befehl zu Ihnen zurückzukommen, sind Sie sicherlich zu uninteressant für ihn. Versuchen Sie die Aufmerksamkeit Ihres Border Collies mit einer spannenden Stimme, dem Zeigen eines Leckerlis, einer lustigen Spielaufforderung oder einem Sprint in die entgegengesetzte Richtung, zu erreichen. Erst dann wird er auf Ihr Kommando reagieren.

Kommt Ihr Hund erst nach längerem Warten zu Ihnen zurück, schimpfen Sie ihn auf keinen Fall, denn dann verbindet er die Schelte gerade mit seiner Rückkehr. Er hat längst vergessen, dass er nicht auf den „Hier"-Befehl gehört hat.

weiterzuarbeiten. Passen Sie die Art der Belohnung individuell an die Vorlieben Ihres Border Collies an: Manche Hunde freuen sich schon sehr über ein gesprochenes Lob und Streicheleinheiten, andere bevorzugen eher Leckerlis; einige Vertreter sind glücklich, wenn sie ihr Lieblingsspielzeug bekommen, wieder andere empfinden ein lustiges Spiel als tolle Belohnung. Setzen Sie Strafen dagegen nicht in Form von körperlicher Gewalt ein: Abgesehen von einem raschen Vertrauensbruch kann eine körperliche Züchtigung sogar als positive Verstärkung wirken, schließlich bekommt der Vierbeiner damit Aufmerksamkeit bzw. Zuwendung, auch wenn diese negativer Art ist. Sie bestärkt ihn wiederum in seinem Fehlverhalten und veranlasst ihn dazu, weiterzumachen. Viel wirkungsvoller als Gewalt ist der Entzug von Zuwendung, wenn es die Situation zulässt. Ignorieren Sie unerwünschtes Verhalten also einfach. Bellt Ihr Hund beispielsweise übermäßig, beachten Sie es nicht. Belohnen Sie andererseits aber jede Bellpause. Auf diese Weise lernt Ihr vierbeiniger Freund, dass sich Nicht-Bellen mehr auszahlt als Kläffen. Schwerwiegende Verhaltensauffälligkeiten wie Schnappen oder Bei-

Trainieren Sie das „Sitz und Bleib" sowie das „Platz und Bleib" langsam in einzelnen Schritten.

ßen dürfen selbstverständlich nicht ignoriert werden. Wenden Sie sich in einem solchen Fall an einen kompetenten Hundetrainer.

Eine weitere wirksame Vorgehensweise gegen unerwünschtes Verhalten ist das Einführen einer „Schämecke". Schicken Sie Ihren reni- tenten Border Collie bei Fehlverhalten sofort (innerhalb von zwei Sekunden) nach einem (!) kurzen Befehl („Nein"; „Aus"; „Pfui" etc.) in eine bestimmte langweilige Zimmerecke, in der es weder Zuwendung, Futter, eine Schlaf- decke und Spielsachen, noch ein interessantes

Fenster zum Hinausschauen und Beobachten gibt. Hier bleibt Ihr Vierbeiner die nächsten zwei bis fünf Minuten. Anschließend holen Sie ihn wieder, jedoch ohne ihn zu begrüßen und ein Wort zu sagen. Die Sache ist nun erledigt und Sie gehen wieder zur Tagesordnung über. Beginnt Ihr Hund erneut mit Unfug, ermahnen Sie ihn einmal (!) mit demselben Befehl von vorhin („Nein", „Pfui", „Aus" etc.). Reicht dies noch nicht aus, um ihn von seinem Vorhaben abzubringen, muss er wieder in seine „Schämecke". Schnell merkt Ihr Border Collie, dass sein Schabernack langfristig keinen Spaß macht. Wirkungsvoll ist außerdem, Ihren Vierbeiner mit einem energischen

„Nein" und „Geh Körbchen" auf seinen Platz zu schicken und ihn dort zu ignorieren. Bestimmte Angewohnheiten können Sie Ihrem Hund auch abgewöhnen, indem Sie ihm seine Macken einfach verleiden, oder seine Aufmerksamkeit auf etwas Erlaubtes umlenken (siehe Kapitel „Abgewöhnen von Jugendsünden").

Fazit Sparen Sie in der Hundeerziehung nicht mit Lob und Belohnung. Strafen Sie dagegen nur wohldosiert und gut überlegt, denn das Vertrauen eines Vierbeiners ist durch unüberlegtes Handeln schneller zerstört, als es sich später wieder aufbauen lässt.

Beidseitiges Vertrauen ist wertvoll. Zerstören Sie dies nicht durch unüberlegtes Strafen.

Pflege

Welche Pflegemaßnahmen sind nötig und wie gewöhnt man den Border Collie daran?

Pfotenabputzen und Stillhalten beim Bürsten müssen erst einmal gelernt werden. Führen Sie Ihren Welpen auch möglichst frühzeitig an die Augen-, Ohr-, Zahn- und Krallenkontrolle heran. Bleibt Ihr Hundekind bei der Pflege ruhig und gelassen, belohnen und loben Sie es ausgiebig. Wehrt sich dagegen Ihr junger Vierbeiner oder wird er albern, bringen Sie ihn mit einem bestimmten „Nein"

zur Ruhe; hält er wieder still, loben und belohnen Sie ihn sofort.

Fellpflege

Wölfe haben ihre ganz eigene Art der Fellpflege: Sie nehmen Sand- und Schlammbäder, die gleichzeitig wie eine Massage wirken und die Talgdrüsen der Haut anregen. Die Haare werden durch Lecken gereinigt, wobei der Speichel dabei Keime abtötet. Unsere Hunde verhalten sich ganz ähnlich, allerdings entspricht diese Art der Fellpflege nicht unserem hygienischen Verständnis, sodass wir hier

Gewisse Pflegemaßnahmen sind bei Hunden unerlässlich. Gewöhnen Sie daher am besten schon Ihren Welpen an die wichtigsten Handgriffe. Gehen Sie grundsätzlich bei allen Pflegemaßnahmen sanft und behutsam vor.

befall oder Hautverletzungen. Vor allem die feineren Haare an den Ohren, den Läufen und der Rute verfilzen leicht; sie benötigen daher besondere Aufmerksamkeit. Da die meisten Border Collies reichlich Unterwolle haben, fällt auch der Fellwechsel entsprechend üppig aus. In dieser Zeit ist natürlich vermehrtes Bürsten angesagt. Unterstützen Sie den halbjährlichen Haarwechsel von innen mit einer über das Futter gestreuten Kräutermischung aus Löwenzahn, Birkenblättern, Brennnesseln und Ackerschachtelhalm. Spitzwegerich, Kerbel und Petersilie helfen aufgrund ihres hohen Vitamingehalts, das Immunsystem anzuregen. Entsprechende Fertigpräparate gibt es inzwischen im Fachhandel zu kaufen.

Schmutz entfernen Sie am besten, indem Sie ihn ausbürsten oder abrubbeln. Meist reinigt sich das Fell des Border Collies sogar von selbst. Vor allem Welpen sollten Sie nur im Notfall in die Wanne setzen, denn zu häufiges Baden zerstört die Schmutz abweisende und wetterfeste Schutzschicht des Felles. Anschließendes Föhnen ist zu vermeiden, denn das ungewohnte Geräusch, die Lautstärke und das warme Gebläse machen einem Hund

gerne nachhelfen. An das Bürsten gewöhnt sich der Border Collie in der Regel schnell, denn bald merkt er, dass Fellpflege auch eine sehr angenehme Massage sein kann, die hervorragend die Durchblutung der Haut anregt. Seien Sie allerdings besonders vorsichtig bei Welpen: Ziept das Kämmen, könnten Sie ihm die Fellpflege leicht dauerhaft verleiden.

Bürsten Sie das Fell Ihres Border Collies regelmäßig und immer mit dem Strich, also in Haarwuchsrichtung von vorne nach hinten. Untersuchen Sie Ihren wedelnden Freund dabei gleich auf einen eventuellen Parasiten-

„Was Hänschen nicht lernt, lernt Hans nimmermehr."
Gewöhnen Sie also schon Ihren Kleinen an die wichtigsten Handgriffe – dann klappt es auch mit Ihrem erwachsenen Border problemlos.

Einen Border Collie ein- bis zweimal in der Woche mit einem Naturhaarstriegel oder einem Noppenhandschuh zu bürsten, reicht in der Regel und bei normaler Verschmutzung aus.

leicht Angst. Rubbeln Sie den Vierbeiner nach dem Abspülen lieber gut mit einem Handtuch trocken und lassen Sie ihn an kalten Tagen wegen der Erkältungsgefahr nicht sofort ins Freie, sondern stellen Sie seinen Korb in die Nähe der wärmenden Heizung.

Pfoten

Nützen sich die Krallen Ihres Border Collies nicht auf natürliche Weise ab, müssen sie von Zeit zu Zeit geschnitten werden, damit sie nicht abbrechen. Führen Sie Ihren Welpen hier ganz langsam und in kleinen Schritten heran: nehmen Sie zunächst immer wieder abwechselnd eine seiner Pfoten auf und halten Sie diese kurz in der Hand. Fasst der Hund Ihr Vorgehen als lustiges Spiel auf oder will er seine Pfote wegziehen, korrigieren Sie ihn mit einem energischen „Nein"; bleibt er ruhig, loben Sie ihn ausgiebig. Zum Krallenschneiden verwenden Sie eine spezielle Zange aus dem Fachhandel; achten Sie darauf, dass Sie keine Blutgefäße verletzen. Am besten lassen Sie sich die richtige Technik erst einmal von Ihrem Tierarzt zeigen.

Im Winter kann ein vorsichtiges Kürzen der Haare zwischen den Ballen angebracht sein, damit sich darin keine Schneeklumpen bilden, die den Border Collie beim Laufen behindern.

Das Pfotenabputzen üben Sie ebenfalls durch das abwechselnde Aufnehmen der Pfoten. Möchte Ihr Junghund während des Abputzens

in das Handtuch beißen, reagieren Sie erneut mit einem „Nein"; verhält er sich dagegen brav, winkt am Ende wieder eine Belohnung. Im Winter empfiehlt sich zusätzlich eine regelmäßige Ballenkontrolle, denn durch das viele Streusalz wird die Pfotenunterseite leicht trocken oder rissig. Abhilfe schaffen Einreibungen mit Hirschtalg, Melkfett oder Vaseline.

Augen, Ohren, Zähne

Das Heranführen an die Augenpflege bedarf besonderer Behutsamkeit. Streichen Sie Ihrem Welpen schon im Spiel oder während des Streichelns immer wieder kurz über die Augen. Sekret oder Verkrustungen in den Augenwinkeln entfernen Sie später mit einem weichen, feuchten, sauberen Tuch. Im Zoofachhandel bekommen Sie hierfür spezielle Pflegetücher.

Auch die Ohren sollten Sie öfters kontrollieren. Als Vorübung zur Ohrenpflege heben Sie die Behänge immer wieder mal an und sehen in die Ohrmuschel hinein. Achten Sie darauf, dass sich weder Krusten oder Fremdkörper im Ohr befinden noch Haare in den Gehörgang wachsen. Eventuell vorgefundene, unangenehme Parasiten müssen schnell behandelt werden. Halten Sie das Hundeohr sauber,

Einmal Pediküre bitte, denn Pfotenpflege muss sein!

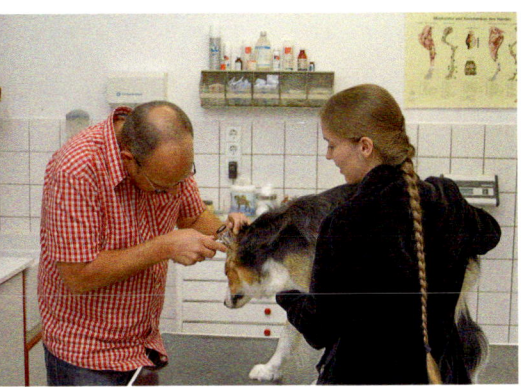

Halten Sie das Hundeohr sauber, damit es nicht zu schmerzhaften Entzündungen durch Bakterien oder Pilze kommt.

damit es nicht zu schmerzhaften Entzündungen durch Bakterien oder Pilze kommt. Verwenden Sie für die Säuberung des Gehörgangs jedoch keine Wattestäbchen, sondern nur spezielle Flüssigreiniger vom Tierarzt.

Eine regelmäßige Zahnkontrolle führen Sie am besten von klein auf bei Ihrem Border Collie durch. Während des Zahnwechsels braucht der junge Vierbeiner genügend Kaumaterial. Harte Leckereien zwischendurch entfernen schädliche Beläge. Zur dauerhaften Gesunderhaltung von Zähnen und Zahnfleisch empfiehlt sich regelmäßiges Zähneputzen; hierfür gibt es im Zoofachhandel oder bei Ihrem Tierarzt Hundezahnbürsten und -pasten. Aber auch zahnpflegende Kaustripes haben sich bewährt. Allerdings sind diese in Hundekreisen wohl Geschmacksache und nicht bei jedem Vierbeiner beliebt.

Schmuddelwetter-Tipps

An Schlechtwettertagen ist ein Handtuch unverzichtbar; eines aus Mikrofasern saugt die Feuchtigkeit besonders gut auf. Am besten legen Sie schon im Auto ein Tuch griffbereit,

Zahnwechsel bei Welpen

Der Zahnwechsel beginnt etwa im vierten Lebensmonat des Welpen. Geben Sie Ihrem Vierbeiner in dieser Zeit genügend Kaumaterial wie Büffelhautknochen und Spielzeug aus Hartgummi oder Hartholz. Gegen eventuell auftretende Schmerzen helfen, wie bei Babys, das zuckerfreie Dentinox-Gel aus Kamillenblüten oder das homöopathische Kombi-Präparat Osanit. Fällt ein Milchzahn nicht von selbst aus, obwohl schon der neue Zahn sichtbar ist, sollten Sie den alten vom Tierarzt ziehen lassen, damit es nicht zu Gebissfehlstellungen kommt.

um Ihren Border Collie bereits vor dem Einsteigen gründlich abrubbeln zu können. Im Fahrzeug selbst hat es sich bewährt, den Hundeplatz mit einer waschbaren Decke oder einer Gummischmutzfangmatte auszustatten: Beide Teile sind leicht separat zu reinigen, ohne dass Sie gleich das ganze Auto unter Wasser setzen müssen. Ebenfalls möglich ist die Unterbringung des nassen Hundes in einer mit saugfähigen Tüchern ausgelegten Transportbox, denn auch diese ist einfach zu säubern und begrenzt den Schmutzeintrag auf eine kleine Fläche.

Legen Sie ein weiteres Handtuch vor die Haustür, mit dem Sie Ihren Border Collie bereits vor der Wohnung gründlich abrubbeln können. So bleibt der größte Dreck auf jeden Fall draußen.

Kann Ihr haariger Kamerad jederzeit zwischen Haus und Garten frei pendeln, empfiehlt sich ein feuchtes oder gut saugendes Tuch auf dem Boden des Verbindungsbereiches. Läuft Ihr

Weitere Infos

Auch regelmäßige Impfungen gegen Staupe, Hepatitis, Leptospirose, Parvovirose Zwingerhusten und Tollwut sowie Entwurmungen gehören zu den obligatorischen Pflegemaßnahmen bei einem Hund. Um einen Parasitenbefall zu vermeiden, ist außerdem ein sauberer Schlafplatz wichtig: verwenden Sie nur Decken, Kissen oder Polster, die maschinenwaschbar sind. Untersuchen Sie Ihren Border Collie zudem von Frühjahr bis Herbst täglich auf Zecken, denn diese könnten Ihren Hund beispielsweise mit Borreliose infizieren. Spezielle Präparate, die vor starkem Zeckenbefall schützen, bekommen Sie bei Ihrem Tierarzt. Am besten lassen Sie sich bezüglich der Auswahl eines geeigneten Mittels von ihm beraten. So gilt es auch zu beachten, dass Border Collies, die den MDR1-Defekt aufweisen, nicht alle Medikamente vertragen.

Für wasserliebende Hunde sollten Sie generell immer ein Handtuch griffbereit haben.

Hund nun in die Wohnung, tritt er sich schon ganz automatisch die Pfoten auf seinem „Eingangsteppich" ab.

Gerade in der Schmuddelwetterzeit ist es sehr vorteilhaft, wenn Ihr Vierbeiner auf Kommando seinen Platz aufsucht und dort so lange

Schicken Sie Ihren Border nach der Rückkehr vom Spaziergang ohne Umwege ins Körbchen.

bleibt, bis Sie den Befehl wieder aufheben. Ist Ihr haariger Begleiter also noch nicht ganz trocken, können Sie ihn sofort nach der Rückkehr vom Spaziergang in sein Körbchen schicken, ehe er überhaupt die Gelegenheit hatte, den Dreck im ganzen Haus zu verteilen. Für einen noch feuchten Vierbeiner ist ein Hundeplatz an der wärmenden Heizung angebracht; beachten Sie außerdem unbedingt: Zugluft ist für einen nassen Hund Gift.

Mit etwas Geduld und Geschick des Hundeführers lernen besonders eifrige Vierbeiner auch, sich bereits vor dem Haus auf Befehl zu schütteln oder auf dem Fußabstreifer die Pfoten abzuputzen. Gewöhnen Sie Ihrem Vierbeiner außerdem von vornherein ab, Sie oder andere Menschen anzuspringen. Besucher mit hellen Hosen werden nicht wirklich von einer stürmischen Begrüßung Ihres nassen Border Collies begeistert sein.

Für Sie als begleitender Zweibeiner ist ein extra Schlechtwetter-Dress ratsam, das heißt: Tragen Sie lieber alte Sachen und nicht gerade die tollsten Neuerwerbungen. Auch eine Regenhose ist praktisch – sie schützt Ihre Jeans vor Nässe und Schmutz. Gummistiefel dürfen in keinem Hundehaushalt fehlen, so bleiben

Die wichtigsten Pflegeutensilien

- ✓ Kamm und Bürste für langhaarige Hunde und/oder Stockhaarstriegel für stockhaarige Hunde
- ✓ Flüssiger Ohrreiniger vom Tierarzt
- ✓ Reinigungstücher für die Augen
- ✓ Hundezahnbürste und -pasta bzw. Kaustripes zur Zahnpflege
- ✓ Krallenschere
- ✓ Vaseline, Hirschtalg oder Melkfett zur Ballenpflege
- ✓ Zeckenzange

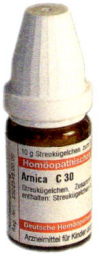

Homöopathische Heilmittel finden auch im Wellnessbereich Anwendung.

kater und Überanstrengung eignen sich Arnica und Traumeel. Bei Verspannungen kann Magnesium phosphoricum helfen.

Inzwischen gibt es schon fertige Bachblütenmischungen oder homöopathische Präparate im Zoofachhandel zu kaufen. Möchten Sie jedoch tiefer in die Materie einsteigen, lassen Sie sich von einem erfahrenen Therapeuten beraten.

gute Halbschuhe an Schlechtwettertagen trocken.

Wellness für den Border Collie

Wellness macht nicht nur uns Menschen Spaß. Mit entsprechenden Maßnahmen können Sie auch Ihrem Border Collie etwas Gutes tun. Er wird es sichtlich genießen, sich einmal so richtig von Ihnen verwöhnen zu lassen.

Bachblüten und Homöopathie

Diverse Bachblüten und homöopathische Mittel verhelfen Ihrem Hund zu neuen Kräften. So wirken beispielsweise die Blüten Centaury, Chicory, Clematis und Crap Apple entschlackend und reinigend. Crap Apple hat außerdem eine ausgleichende Wirkung auf den Stoffwechsel und das Immunsystem. Centaury erfrischt und vitalisiert. Olive stellt das innere Gleichgewicht bei Erschöpfung wieder her, Agrimony stärkt und schützt vor Überbelastung. Die Abwehrkräfte Ihres Border Collies werden mit Echinacea-Globuli gestärkt. China und Ignatia haben sich bei Erschöpfungszuständen und Stress bewährt. Gegen Muskel-

Mit Massage, Akupressur und TTouch® entspannen

In keinem Verwöhnprogramm darf eine wohltuende Massage fehlen. Sie erfolgt am besten in Bauch- oder Seitenlage des Hundes. Dabei können Sie in einfachen, geraden Linien streicheln oder in Wellen; auch ein Kreisen Ihrer Hand wirkt entspannend. Führen Sie anschließend mit der flachen Hand leichte, kreisförmige Bewegungen aus. Variieren Sie zusätzlich den Druck; massieren Sie jedoch nicht zu kräftig, ihr Hund soll sich schließlich dabei wohlfühlen und keine Schmerzen haben. Besonders belastete Partien wie die Beinmuskulatur werden extra mit den Fingerkuppen bearbeitet. Lo-

Tun Sie Ihrem Border Collie doch einmal etwas Gutes. Eine Massage beispielsweise wirkt entspannend.

ckernd wirkt leichtes Kneten und Rollen von Haut und Muskeln. Streichen Sie am Ende einer Massage immer den ganzen Körper des Hundes noch einmal sanft aus. Eine Massage sollte etwa 15 bis 20 Minuten dauern. Gewöhnen Sie Ihren Border Collie jedoch erst langsam an diese Zeitspanne. Massieren Sie nie, wenn Ihr Vierbeiner eine Infektion hat oder gerade gefressen hat.

Die Akupressur ist eine Abwandlung der Akupunktur. Hier wird ohne Nadeln, nur mit der Berührung und dem Druck der Finger gearbeitet. Dies hat neben dem körperlichen Aspekt auch eine sehr positive, entspannende Wirkung auf die Psyche des Hundes. So wird nicht nur das entsprechende Hautareal beeinflusst, sondern durch die Aktivierung des Energieflusses im Körper auch Organe und Körperfunktionen, die ganz woanders liegen können.

Die TTouch®-Methode hingegen besteht aus unterschiedlichen Bewegungen und Handpositionen, die im Uhrzeigersinn auf der Haut

Nach getaner Arbeit ist Wellness angesagt – so wecken Sie seine Lebensgeister wieder.

des Hundes in verschiedenen Druckstärken ausgeführt werden. Vor allem bei seelischen Störungen sowie zur allgemeinen Beruhigung, zum Stressabbau und Wiederherstellung des Vertrauens hat sich der TTouch® bewährt. Auch zur Schmerzlinderung wird diese Methode erfolgreich eingesetzt. Etliche Hundeschulen bieten inzwischen zunehmend TTouch®-Seminare an.

Es ist auch möglich, gemeinsam mit seinem Hund einen Wellness-Urlaub in speziellen Hotels zu buchen.

Barock- und Meditationsmusik haben eine sehr beruhigende Wirkung auf Vierbeiner.

Aroma-, Farb- und Musiktherapie für neues Wohlbefinden

Die Aromatherapie fördert die seelische Ausgeglichenheit, aktiviert den Kreislauf und stärkt die Abwehrkräfte. Sie erfrischt und verhilft zu neuer Energie. Die ätherischen Öle werden dabei entweder in einer Duftlampe, einem Kräutersäckchen, einem speziellen Hundehalstuch oder direkt auf dem Liegeplatz Ihres Hundes angewendet, allerdings wohl dosiert und nur, wenn es Ihrem Vierbeiner auch wirklich behagt. Eine Duftlampe sollte mindestens eine Stunde brennen. Da ein Hund sehr empfindliche Schleimhäute hat, dürfen Sie die Öle nie direkt auf ihn träufeln. Stärkend, aufbauend und reinigend für den gesamten Organismus wirken Lavendel, Orange, Zitrone, Geranium, Grapefruit und Muskatellersalbei. Mandarine und Melisse beruhigen und entspannen. Mimose baut zusätzlich seelisch auf. Zimt und Vanille wird eine ausgleichende, beruhigende und entspannende Wirkung nachgesagt. Neroli-Öl harmonisiert.

Hunde wie auch Menschen sprechen sehr gut auf farbiges

Mit der Aromatherapie können Sie die seelische Ausgeglichenheit fördern und die Abwehrkräfte stärken.

Wellness vom Profi

Inzwischen bieten bereits viele Hundephysiotherapeuten auch Wohlfühlbehandlungen an. Dabei werden häufig verschiedene Techniken miteinander kombiniert. So erhält die Massage Ihres Vierbeiners gleichzeitig eine Untermalung mit angenehmen Düften und entspannender Musik. Beruhigendes Licht darf dabei selbstverständlich ebenfalls nicht fehlen. Neben der herkömmlichen Massage gehören häufig auch Fuß- oder Ohrreflexonenmassagen zum Behandlungsspektrum. Einige Therapeuten verfügen sogar über eigene Hundeschwimmbäder, in denen neben der heilenden Wirkung des Wassers die entspannende Wärme ausgenützt wird. Manche Praxen bieten Kurse in Massage, Akupressur und TTouch® für den Eigengebrauch an; außerdem finden Sie im Fachhandel interessante Bücher zum Thema.

Licht an. Rot hat sich besonders bei Erschöpfungszuständen und Appetitlosigkeit bewährt. Orange kommt hingegen bei Immunschwäche zum Einsatz. Gelb hilft bei schwachen Nerven und Schockzuständen. Grün wirkt ausgleichend und Blau beruhigend. Violett wird bei Nervosität, Ängstlichkeit, Hysterie und zur Verarbeitung von Traumata eingesetzt.

Auch Musik entspannt Ihren Border Collie Untersuchungen haben ergeben, dass gerade langsame Barockmusik eine sehr beruhigende Wirkung auf Vierbeiner hat. Genauso gut geeignet ist Herrchens oder Frauchens Meditations-CD. Wer musikalisch jedoch auf Nummer Sicher gehen will, kann inzwischen im Fachhandel spezielle Musik für Hunde erwerben.

Ernährung

Eine ausgewogene Ernährung ist maßgeblich an der Gesunderhaltung Ihres Vierbeiners beteiligt.

Das Wohlfühlprogramm Ihres Border Collies schließt eine ausgewogene Ernährung mit ein, die selbstverständlich auch maßgeblich an der Gesunderhaltung des Vierbeiners beteiligt ist. Füttern Sie nur hochwertiges Futter, das dem Alter, Gesundheitszustand und der Auslastung Ihres vierbeinigen Freundes angepasst ist. So benötigen arbeitende Gebrauchshunde beispielsweise energiereicheres Futter als normal beanspruchte Familienhunde. Auch Welpen brauchen eine andere Ernährung als erwachsene Hunde, schließlich sind sie noch in der Entwicklung. Der Fachhandel hält inzwischen für alle Altersklassen und Bedürfnisse spezielles Hundefutter parat. Mit einem qualitativ hochwertigen Fertigfutter gehen Sie also in jedem Fall auf Nummer sicher: Ihr Border Collie wird optimal mit allen wichtigen Nährstoffen versorgt. Trotzdem vertragen manche Hunde das handelsübliche Futter nicht. In diesem Fall müssen Sie selbst zum Kochlöffel greifen. Dies ist nicht ganz einfach, denn die richtige Zusammensetzung einer ausgewogenen Ernährung ist fast schon eine Wissenschaft für sich.

Auch das „Barfen" (= biologisch artgerechte Rohfütterung) ist möglich; aber auch hier ist eine umfassende Information vorab durch einen Tierarzt oder entsprechende Fachliteratur sehr wichtig.

Im Folgenden finden Sie jedoch einige Tipps für eine abwechslungsreiche und gesunde Hundemahlzeit.

Fleisch und Ballaststoffe in Form von Reis oder Hundeflocken bilden die Basis einer ausgewogenen Hundeernährung. Achten Sie zusätzlich auf eine ausreichende Vitamin- und Mineralstoffversorgung. Diese geschieht am

Warnung vor Schokolade

Schokolade enthält Theobromin, das für Hund und Katze lebensgefährlich sein kann. Ein paar Riegel dunkle Schokolade können einen kleineren Hund töten.

Arbeitende Gebrauchshunde benötigen ein energiereicheres Futter als normal beanspruchte Familienhunde.

Mit einem qualitativ hochwertigen Fertigfutter gehen Sie in jedem Fall auf Nummer sicher: Ihr Border Collie wird mit allen wichtigen Nährstoffen versorgt.

Tipp!

Für alle Hundefutter-Hobbyköche gibt es im Buch- und Zoofachhandel eine breite Palette an Ratgebern zum Thema „Hundeernährung". Wenn Sie für Ihren Border Collie kochen, ist ein umfassendes Informieren unerlässlich, damit Ihr Vierbeiner durch einen ausgewogenen Speiseplan wirklich optimal mit allen wichtigen Nährstoffen versorgt wird und es nicht zu Mangelerscheinungen kommt.

besten in Form von natürlichen Zusätzen wie frischem, unbehandelten Obst, Gemüse, Kräutern, Hüttenkäse oder Naturjoghurt. Bei Obst eignen sich Äpfel sehr gut. Sie sind reich an Vitaminen und Mineralien und wirken durch die enthaltenen Pektine entgiftend. Gemüse ist nicht nur gesund, es fördert mit seinen Ballaststoffen auch die Verdauung. Außerdem beeinflusst es positiv den Säure-Base-Haushalt des Hundes. Ideal sind Möh-

ren; sie enthalten viel Karotin, die Vorstufe von Vitamin A, außerdem Mineralstoffe und Spurenelemente. Geben Sie zusätzlich immer etwas Öl; dies hilft bei der Verwertung des fettlöslichen Vitamin A. Gekochter Broccoli ist ebenfalls sehr gesund; er wirkt krebsvorbeugend und entgiftend. Spinat, Erbsen, grüne Bohnen und Tomaten runden einen ausgewogenen Speiseplan ab. Kräuter wie Brennnesseln, Basilikum, Petersilie, Löwenzahn und Dill sind nicht nur reich an wichtigen Vitaminen, Mineralien und Spurenelementen, sie haben auch eine heilende Wirkung bei verschiedenen Krankheiten (Beispiele siehe in Kapitel „Gesundheit", „Vorsorge").

In Zeiten extremer Anforderung oder erhöhter Krankheitsanfälligkeit ist eventuell ein zusätzliches Vitaminpräparat nötig; halten Sie sich hier allerdings genau an die vom Tierarzt oder in der Packungsbeilage angegebene Dosierung, denn selbst Vitamine können überdosiert schaden.

Schönheit kommt von innen

Der Speiseplan Ihres Hundes ist auch für ein glänzendes Fell und eine gesunde Haut verantwortlich, schließlich kommt Schönheit bekanntlich von innen. Besonders wichtig sind

Regelmäßige Rippenkontrolle

Überprüfen Sie regelmäßig, ob Ihr Hund nicht zu dick wird. Steht Ihr Border Collie vor Ihnen, müssen seine Rippen rechts und links deutlich zu spüren sein.

dabei die Vitamine A und E sowie Zink, außerdem essentielle Fettsäuren wie Omega-3 und Omega-6. Geben Sie ab und zu einen Löffel Maiskeim-, Sonnenblumen-, Distel- oder Pflanzenöl über das Futter, um einen Mangel vorzubeugen, der sich in stumpfem Fell, Schuppen, Haarausfall, Juckreiz, fettiger Haut und Infektanfälligkeit äußert. Hochwertiges Eiweiß ist ebenfalls unverzichtbar. Auch Hefe und Biotin verhelfen zu einer gesunden Haut und glänzendem Fell. Hin und wieder ein rohes, frisches Eigelb ist ebenfalls gut für Haut und Haare, denn es enthält viele Spurenelemente und Vitamine. Die zerriebene Eierschale versorgt Ihren Vierbeiner dagegen mit natürlichem Calcium.

Überschüssige Pfunde reduzieren Sie lieber mit einem ausgewogenen, aber kalorienarmen Diätfutter als mit einer Kürzung der normalen Futtermenge.

Achten Sie stets auf saubere Hundenäpfe und täglich frisches Wasser.

Wussten Sie schon, dass ...

... Hundekuchen zum ersten Mal um 1860 von J.Spratt als Spezialnahrungsmittel für Hunde in England angeboten wurde? Sein Gehilfe war Charles Cruft, nach dem 1886 die jährlich stattfindende größte Hundeausstellung der Welt benannt wurde.

Belohnen Sie Ihren Border Collie doch mal mit vitaminreichen, figurfreundlichen Leckereien wie Apfelstückchen.

Selbst gebackene Leckerlis

Fischstäbchen

Sie brauchen dafür folgende Zutaten:

1 Dose Thunfisch (im eigenen Saft)
6 EL Haferflocken
2 Eier
2 EL Semmelbrösel
2 EL gehackte Petersilie

Gießen Sie den Saft des Thunfisches ab. Vermischen Sie dann alle Zutaten zu einem homogenen Teig. Formen Sie nun kleine „Stäbchen" und legen Sie diese auf ein mit Backpapier ausgelegtes Backblech. Die Fischstäbchen werden im vorgeheizten Backofen bei 175 °C (mittlere Schiene) ca. 30 Minuten gebacken. Anschließend im Ofen abkühlen lassen. Die Fischstäbchen halten, in einer Frischhaltedose im Kühlschrank aufbewahrt, ca. 2–3 Wochen. Geben Sie Ihrem Border Collie täglich nicht mehr als drei bis vier dieser Leckerlis, denn sie sind sehr gehaltvoll.

EXTRA
Elf goldene Futterregeln

Vorsicht mit Kaltem
Gerade im Sommer ist es wichtig, frisches Hundefutter im Kühlschrank aufzubewahren, damit es nicht verdirbt. Verfüttern Sie es allerdings nur zimmerwarm. Zu kaltes Futter kann Verdauungsprobleme hervorrufen. Außerdem entfaltet Frisch- und Nassfutter seinen vollen Geschmack erst bei Zimmertemperatur. Muss es einmal schnell gehen, erwärmen Sie das Fressen kurz im Kochtopf, Wasserbad oder in der Mikrowelle.

Die Menge macht's
Ein Hund weiß nicht von selbst, wie viel Futter er braucht. Hier gibt es große individuelle Unterschiede: Einige Vierbeiner sind schier unersättlich, andere muss man fast erst bitten, überhaupt etwas zu fressen. Bieten Sie Ihrem Border Collie daher auf keinen Fall unbegrenzt Futter an.
Bei Fertignahrung richten Sie sich am besten nach den Mengenangaben auf der Futterpackung. Achten Sie darauf, dass der Hund schlank bleibt, Leckerchen von der Hauptration abziehen! Kochen Sie selbst, fragen Sie Ihren Tierarzt nach der angemessenen Portionsgröße für Ihren Hund. Heikle Tiere werden zum besseren Fressen animiert, wenn ihnen das Futter nur eine begrenzte Zeit (ca. 10–15 Min.) zur Verfügung steht.

Feste Zeiten einhalten
Um den Stoffwechsel des Hundes nicht unnötig durcheinanderzubringen, sind feste Fütterungszeiten wichtig. Füttern Sie daher nicht wahllos, wenn Sie gerade Zeit haben. Ein ausgewachsener Hund sollte ein, besser zweimal täglich seine Mahlzeit bekommen.

Abwechslung ist Trumpf
Auch unsere Hunde sind Feinschmecker und lieben Abwechslung; die große Auswahl an Fertigfutter macht es Ihnen hier leicht. Bereichern Sie den Speiseplan zusätzlich hin und wieder mit Äpfeln, Karotten, Quark, Hüttenkäse, Nudeln, Reis oder Kräutern. Beachten Sie bei der Fütterung auch das Alter, den Gesundheitszustand und die Auslastung Ihres Border Collies. Inzwischen gibt es für alle Ansprüche speziell zusammengesetzte Nahrung.

Langsame Futterumstellung
Führen Sie Futterumstellungen nur langsam und schrittweise durch, damit sich der Verdauungstrakt Ihres Hundes an die neue Nahrung gewöhnen kann. Eine zu schnelle Umstellung kann Durchfall hervorrufen.

Es muss nicht immer Fleisch sein
Wölfe nehmen mit dem Darminhalt ihrer Beutetiere immer auch wichtige pflanzliche Nahrung auf. Daher ist es falsch, anzunehmen, Hunde seien reine Fleischfresser. Für eine ausgewogene Ernährung benötigen sie einen gewissen Anteil an pflanzlicher Nahrung;. In Fertigfutter wurde dies bereits bei

der Zusammensetzung berücksichtigt. Kochen Sie selbst, mischen Sie das Fleisch am besten mit Nudeln, Reis, Gemüse oder speziellen Hundeflocken.

Betteln ist tabu

Fallen Sie nicht auf den treuen Blick Ihres Vierbeiners rein, Sie tun ihm damit nichts Gutes. Erstens erziehen Sie ihn so erst zum Betteln und zweitens bekommt Ihr Hund auf diese Weise auch schnell mal etwas Süßes, das sehr schädlich für ihn ist. Belohnen Sie ihn nur mit speziellen Hundeleckerlis.

Keine Reste vom Tisch

Füttern Sie Ihren Border Collie nie mit Resten Ihrer eigenen Mahlzeit. Ihr Hund darf hier auf keinen Fall vermenschlicht werden, denn er hat ganz andere Ernährungsansprüche als Sie; unsere stark gewürzten Speisen führen bei Vierbeinern schnell zu schweren Gesundheitsstörungen. Füttern Sie nur spezielles und ausgewogenes Hundefutter.

Finger weg von Milch

Natürlich ist Milch auch bei Hunden beliebt. Viele Tiere bekommen davon jedoch Verdauungsstörungen. Daher gilt: Keine Milch, sondern täglich frisches Wasser als Getränk anbieten.

Kein rohes Schweinefleisch

Füttern Sie kein rohes Schweinefleisch, denn dadurch kann sich Ihr Hund mit der lebensbedrohlichen Aujeszkyschen Krankheit infizieren. Die Symptome sind ähnlich wie bei der Tollwut, daher wird die Krankheit auch „Pseudowut" genannt. Schweinefleisch darf nur gut durchgekocht verfüttert werden; rohes Rindfleisch ist dagegen unbedenklich.

Nach dem Essen sollst du ruhen

Füttern Sie Ihren Border Collie immer erst nach einem Spaziergang. Rennen und Toben mit vollem Magen ist tabu: schnell kommt es zu Verdauungsstörungen bis hin zur lebensgefährlichen Magendrehung.

Ausstellungen

*Für alle Rassehunde-
freunde und die, die es
noch werden möchten,
sind Hundeausstel-
lungen eine interes-
sante Veranstaltung.
Hier sind Informati-
onen aus erster Hand
zu bekommen.*

Hundeausstellungen sind eine interessante Plattform für alle Rassehundefreunde. Bereits vor dem Kauf eines Vierbeiners können Sie sich hier genau über eine bestimmte Rasse informieren, denn Sie sehen nicht nur etliche Vertreter live, sondern haben auch die Möglichkeit, mit Haltern und Zuchtvereinen in Kontakt zu treten und auf diese Weise Erfahrungsberichte aus erster Hand zu bekommen. Bei den Ausstellungen selbst geht es um die genaue Überprüfung und Bewertung der Hunde hinsichtlich des vorgeschriebenen Rassestandards und der durch den betreuenden Verein festgelegten Zuchtkriterien. Für einige Hundehalter ist

die Teilnahme an einer Ausstellung nur Spaß. Sie möchten solch eine Veranstaltung einfach einmal mitmachen, um rein interessehalber zu hören, wie Ihr Vierbeiner von einem professionellen Richter beurteilt wird. Vielleicht wurden sie sogar vom Züchter Ihres Hundes dazu überredet, schließlich ist es für den Züchter selbst wichtig und interessant zu sehen, wo sein Nachwuchs und somit auch seine Zuchtlinie steht. Ein Großteil der Aussteller ist bereits in das Zuchtgeschehen involviert, denn die erfolgreiche Teilnahme an Ausstellungen ist Voraussetzung für eine Zuchtzulassung: Es sind langjährige und zukünftige Züchter, aber auch Deckrüdenbesitzer, die ihre Vierbeiner über die Teilnahme an Ausstellungen bekannter machen möchten.

Die Atmosphäre auf einer Hundeausstellung ist eine ganz Besondere. Das Sehen und Gesehenwerden steht in jedem Fall im Vordergrund. Die Einteilung der Hunde erfolgt in verschiedene Klassen, getrennt nach Geschlechtern. Bei der abschließenden Bewertung werden bestimmte Formwertnoten vergeben (siehe Kasten Seite 84).

Dabeisein ist alles

Möchten auch Sie einmal mit Ihrem Border Collie im Ring stehen, sei es aus reinem Vergnügen oder weil sie mit ihm züchten wollen, ist ein gutes Sozialverhalten Ihres Hundes natürlich Pflicht. Unerlässlich für eine gelungene Präsentation ist außerdem eine ordentliche Leinenführigkeit. Bei der anschließenden Einzelbewertung erfolgt die genaue Begutachtung Ihres Hundes durch den Richter: Dieser prüft neben dem Gangwerk das Stockmaß, die genauen Proportionen, Besonderheiten des Standards und die Zähne. Üben Sie dieses Beurteilungsritual unbedingt schon vorab, damit sich Ihr Border Collie dann auch von fremden Menschen ins Maul sehen und natürlich überhaupt berühren lässt. Der Umgang und das korrekte Vorführen des Hundes fließen in die Bewertung mit ein; so erkennen die Richter genau, wer mit seinem Vierbeiner das optimale Präsentieren trainiert hat.

Häufig wird ein Ausstellungsneuling sogar darauf hingewiesen, dass seine Führfehler der Grund für eine schlechtere Bewertung des Hundes sind, im Vierbeiner jedoch mehr Potenzial steckt. Eine gute und umfassende

Üben Sie das korrekte Vorführen schon vor einer Ausstellung. Die Richter erkennen auf den ersten Blick, wer mit seinem Hund trainiert hat.

Gelassene, nervenstarke Hunde, die nichts so schnell aus der Ruhe bringt, tun sich auf Ausstellungen leichter. Sie lassen sich nicht stressen.

Vorbereitung für eine Zuchtschau bekommen Sie durch ein professionelles Ringtraining, das von manchen Hundevereinen oder auch Züchtern angeboten wird. Für die Teilnahme an einer Zuchtschau sollten Sie sich aber nicht nur im Vorfeld Zeit nehmen, auch die Ausstellung selbst dauert meist einen ganzen Tag, wobei Sie die meiste Zeit sicherlich mit Warten verbringen. Die Reaktion der Hunde auf das Ausstellungsgeschehen selbst ist unterschiedlich. Einige scheinen sichtlich Spaß am Präsentieren und Posieren zu haben; bei anderen Gespannen ist der Spaß am Gesehenwerden eher auf den vorführenden Zweibeiner begrenzt, der Vierbeiner hingegen würde den Tag sicherlich lieber tobend im Freien verbringen. In jedem Fall muss ein Hund für eine Ausstellung eine gewisse Nervenstärke mitbringen, damit ihn die Menschen- und Hundeansammlung auf engstem Raum nicht unnötig stressen. Für Ausstellungsanfänger und junge Hunde kann die Teilnahme an einer Spezialzuchtschau geeigneter sein: diese bieten meist mehr Platz, da sie in der Regel im Freien abgehalten werden.

So funktioniert's

Rassen- und Klasseneinteilung

Der Border Collie wurde von der FCI (Féderation Cynologique Internationale) in die Gruppe 1, Hüte- und Treibhunde (ausgenommen Schweizer Sennenhunde), Sektion: Schäferhunde ohne Arbeitsprüfung eingeteilt. Als Startklassen gibt es:

- *Jüngstenklasse (6–9 Monate)*
- *Jugendklasse (9–18 Monate)*
- *Zwischenklasse (15–24 Monate)*
- *Offene Klasse (ab 15 Monate)*
- *Veteranenklasse (ab 8 Jahre)*
- *Championklasse (ab 15 Monate für Champions und Gewinner bestimmter Titel)*
- *Ehrenklasse (für Hunde mit dem Titel „Internastartberechtigt nur mit dem FCI-Titel „Internationaler Schönheitschampion")*

Formwertnoten

- *Vorzüglich (V)*
- *Sehr gut (SG)*
- *Gut (G)*
- *Genügend (Ggd)*
- *Disqualifiziert (Disq)*

Die vier besten Hunde einer Klasse werden platziert, sofern sie mindestens die Formwertnote „Sehr gut" erhalten haben.

Beurteilungen in der Jüngstenklasse

- *vielversprechend (vv)*
- *versprechend (v)*
- *wenig versprechend (wv)*

Weitere Wettbewerbe

Schon die Jüngsten dürfen starten.

Zuchtgruppe *Sie besteht aus mindestens drei Hunden einer Rasse aus demselben Zwinger; die Hunde müssen am Tag der Ausstellung in der Einzelbewertung mindestens den Formwert „Gut" bekommen haben.*

Paarklasse *Sie besteht aus jeweils einem Rüden und einer Hündin, die Eigentum eines Ausstellers sein müssen.*

Juniorhandling *Dies ist ein Vorführwettbewerb für Jugendliche, der als Vorbereitung gedacht ist, Hunde auch später im Ausstellungsring zu präsentieren.*

Veteranen-Wettbewerb *Hier können Hunde ab dem 8. Lebensjahr starten; es wird nach den Vorgaben des Standards besonders die Gesamtkonstitution, der Pflegezustand des Vierbeiners sowie die im Ring gezeigte Kondition beurteilt.*

In der Paarklasse werden jeweils ein Rüde und eine Hündin vorgeführt, die Eigentum eines Ausstellers sein müssen.

Begleiter in Freizeit und Alltag

Für einen Border Collie gibt es für nichts Schöneres, als bei allen Unternehmungen seiner Menschen dabei zu sein.

Dabeisein ist für ein soziales Tier wie einen Hund alles. Daher gibt es für ihn nichts Schöneres, als seine Leute so oft wie möglich zu begleiten. Mit einem wohlerzogenen Border Collie können Sie sich eigentlich überall sehen lassen. Ein gewisser Grundgehorsam und eine gute Sozialisation des Vierbeiners sind also schon die halbe Miete für gemeinsame, entspannte Freizeitaktivitäten und einen abwechslungsreichen Alltag.

Hundesport

Ihr Border Collie kann seine positiven Eigenschaften nur mit einer angemessenen Auslastung voll und ganz entfalten. Eine Möglichkeit, den temperamentvollen Vierbeiner zu fordern, ist Hundesport. Inzwischen werden auf vielen Hundeplätzen ganz unterschied-

liche Sportarten angeboten. Auch im Wettkampfsport soll für alle Beteiligten stets der Spaß im Vordergrund stehen. Die intensive Beschäftigung miteinander schweißen Herr und Hund schnell zu einem unzertrennlichen Dream-Team zusammen. Im Folgenden stellen wir Ihnen einige Sportarten vor, die gut für einen Border Collie geeignet sind.

Agility

Agility ist mehr als nur ein schneller Sport. Agility festigt und vertieft die Beziehung zwischen Zwei- und Vierbeinern. Ein professioneller Parcours besteht aus 15 bis 20 Hindernissen und hat eine Länge zwischen 100 und 200 m. Bei einem Turnier sollten mindestens sieben Sprünge vorhanden sein. Im Parcours existieren zusätzlich das Viadukt, die Mauer und der Reifen. Diese verlangen sowohl hohe

Beim Agility muss der Hund auch einen Slalom bewältigen. Dieses Hindernis ist für viele Hunde das schwierigste.

Sprungkraft als auch genaues Taxieren. Ein Sprung durch die Rahmenaufhängung des Reifens gilt innerhalb eines Wettbewerbs als Verweigerung. Auch der Weitsprung fordert im Turnier Schnelligkeit und Konzentration vom Hund. Weitere Standardgeräte sind fester Tunnel und Sackstofftunnel. Für Kontaktzonengeräte wie die A-Wand, den Laufsteg und

die Wippe besagt das Reglement, dass der Hund bei einem fehlerfreien Auf- und Abstieg mindestens eine Pfote im unteren, farblich markierten Bereich aufsetzen muss. Slalom und Tisch dürfen ebenfalls nicht fehlen. Auf dem Tisch soll der Vierbeiner für fünf Sekunden eine beliebige Position wie Sitz, Platz oder Steh einnehmen – der Tisch wird heute aber nur noch selten gestellt. Im Turnier bedeutet der Tisch eine Ruhephase, denn der Aktionsfluss wird kurzzeitig unterbrochen. Die Bewertung erfolgt am Ende je nach Zeit, eventuellem Abwurf oder Verweigerung.

Turnierhundesport

Der THS bietet für jeden etwas, denn hier gibt es auch je nach Alter des Hundeführers unterschiedliche Startklassen. Mensch und Hund bilden als gleichgestellte Partner ein Team. In die Endnote fließen also nicht nur die Leistungen des Vierbeiners, sondern auch die des Zweibeiners mit ein. Innerhalb des Turnierhundesports gibt es verschiedene, abwechslungsreiche Wettbewerbsformen wie Hindernislauf-Turniere, Vierkampf (Gehorsam, Hürden-, Slalom und Hindernislauf),

Begleithundeprüfung (BH)

Voraussetzung für die Ausübung einiger Sportarten (z.B. Agility, Fährtenhund) ist eine bestandene Begleithundeprüfung. Das Mindestalter der wedelnden Prüflinge liegt bei 15 Monaten. Der Vierbeiner muss auf dem Hundeplatz verschiedene Unterordnungsübungen absolvieren. Außerdem gilt es außerhalb des Platzes einen Verkehrsteil zu bestehen, der das sichere und freundliche Verhalten des Hundes gegenüber anderen Verkehrsteilnehmern und Artgenossen überprüft. Für den Hundeführer gibt es zuvor noch einen theoretischen Test.

Der Sprung durch den Reifen erfordert höchste Konzentration.

Geländelauf (2000 m/5000 m), Combination Speed Cup („CSC"; Mannschaftswettkampf, in dem drei Mannschaftsmitglieder in einem in drei Sektionen eingeteilten Parcours als Staffel laufen), Shorty (Kurz-Bahn-„CSC" für Zweier-Mannschaften mit zwei Geräte-Sektionen) und Qualifikations-Speed-Cup („QSC"; Wettkampf nach dem K.-o.-System auf zwei baugleichen Parcours).

Trickdogging

Immer mehr Hundeschulen bieten Kurse oder Workshops in Trickdogging an. Dabei werden Gehorsamkeitsübungen mit Spaßlektionen verbunden. Die vierbeinigen Schüler lernen kleine Kunststückchen und Spiele, die der Hundeführer auf Spaziergängen oder bei schlechtem Wetter im Haus ganz einfach „abfragen" kann. Hier ist also Kopfarbeit gefragt. Im Mittelpunkt steht immer der Spaß und nicht die perfekte Leistung.

Die Palette der Übungen ist groß: winken, verbeugen, „give me five", das schnurlose Telefon bringen oder ein Taschentuch aus der Hose ziehen sind nur einige wenige Beispiele. Da dieses Training individuell auf jeden einzelnen Vierbeiner zugeschnitten werden kann, ist es auch gut für ältere Border Collies, Hunde mit Handicap oder ängstliche Tierheimhunde geeignet.

„Give me five!".

Fährtenarbeit

Bei der Fährtenarbeit lernt ein Hund, einer Spur in natürlichem Gelände zu folgen. Die Einweisung des Vierbeiners erfolgt am Anfang, dem sogenannten Ansatz der Fährte mit dem Kommando „Such". Der Führer ist mit einer 10m-Leine mit dem Hund verbunden. Der Vierbeiner trägt bei dieser Arbeit ein spezielles Geschirr. Je nach Schwierigkeitsgrad sind in die zu verfolgende Spur spitze und stumpfe Winkel sowie kreuzende Fremdfährten (Verleitungen) eingebaut. Findet der Vierbeiner unterwegs Gegenstände von seinem Herrn, muss er diese beispielsweise durch

Die beim Trickdogging gelernten Kunststückchen lassen sich prima in den Alltag einbauen.

Schon die Jüngsten können mittels Futter zur Fährtenarbeit angeleitet werden.

Dogdancing fordert den Hund körperlich, aber besonders auch geistig. Es kann einzeln, paarweise oder in einer Gruppenformation ausgeführt werden – auf Turnieren oder daheim im Garten.

Einige Obedience-Übungen müssen auch auf Distanz gezeigt werden, beispielsweise das Vorausschicken zu einem bestimmten Platz.

Ablegen anzeigen (verweisen). Der Führer zeigt dem Richter den Gegenstand und setzt den Hund erneut auf der Fährte an; am Ende der Spur winkt der bellenden Supernase eine tolle Belohnung.

Obedience

Obedience ist ein Gehorsamstraining, das ausschließlich über die Futter- bzw. Beutemotivation oder mittels Clicker aufgebaut wird. Hier sind Einfühlungsvermögen und Geduld gefragt; der Hund muss viel Kopfarbeit leisten. In der Bewertung zählen die perfekte und schnelle sowie freudige Ausführung durch den Vierbeiner. Obedience beinhaltet Übungen wie „Sitz", „Platz", „Steh", „Bleib", „Bei-Fuß"-Laufen und Apportieren. Einige Lektionen müssen auf Distanz gezeigt werden, beispielsweise das Vorausschicken über eine Hürde und das anschließende Bringen eines Apportierholzes mit erneutem Hindernissprung. Obedience ist Perfektion und Spaß zugleich. Es stellt jedoch sehr hohe Ansprüche an Hund und Führer. Bei der Ausbildung ist viel Fantasie für die richtige Motivation des Vierbeiners gefordert.

Dogdancing

Dogdancing ist eine Sportart, die den Hund körperlich, aber auch und vor allem geistig fordert. Der Hundeführer entwickelt zusammen mit seinem vierbeinigen „Tanzpartner" eine Choreographie, die auf einer perfekten Fußarbeit basieren soll. Zusätzlich führt der Hund diverse Tricks vor. Die gesamte Darbietung muss möglichst synchron zu einer begleitenden Musik ausgeführt werden. Bei der Zusammenstellung einer Dogdancing-Choreographie sind viel Kreativität und Fantasie gefragt. Für die Einstudierung sind Geduld, Humor und eine gute Motivation des Hundes nötig. Eine Vorführung, die nicht nur paarweise, sondern auch in Gruppen-Formationen

Bitte beachten Sie ...

Nicht jeder Hund ist für jede Sportart zu begeistern. Suchen Sie die Beschäftigung mit Ihrem Border Collie nach seiner individuellen Vorliebe, seinem Gesundheitszustand und seiner allgemeinen Fitness aus. Nehmen Sie auch Wettkampfsport nicht allzu ernst: Drill und übertriebener Ehrgeiz haben hier nichts zu suchen; der Spaß soll bei diesem Teamwork immer an erster Stelle stehen. Betrachten Sie Trainer ebenfalls unter diesem Gesichtspunkt: nehmen Sie Abstand von strengen, autoritären Unterrichtsmethoden. Humorvolle Motivationen sind das A und O einer optimalen Vertrauensbeziehung zwischen Ihnen und Ihrem Border Collie. Nur so macht Ihrem Vierbeiner die Zusammenarbeit mit Ihnen Spaß und nur so ist sie Erfolg versprechend. Hundesportplätze und -vereine in Ihrer Nähe finden Sie über

das Internet. Auch Tierschutzvereine, Tierärzte, Zoogeschäfte oder andere Hundebesitzer in Ihrer Umgebung sind geeignete Ansprechpartner auf der Suche nach einer passenden Trainingsmöglichkeit.

Bevor Sie sich endgültig für einen Hundeplatz entscheiden, ist ein mehrmaliges Zuschauen vorab sowie Gespräche mit Trainern und Teilnehmern empfehlenswert. Haben Sie die Möglichkeit, sehen Sie sich am besten gleich mehrere Übungsplätze näher an. Ebenfalls hilfreich ist die Teilnahme an einer Probestunde. Wichtig ist, dass die Kursleiter individuell auf jede Hundepersönlichkeit eingehen.

---

geschehen kann, soll freudig und voller Harmonie sein.

Flyball

Flyball ist ein Mannschaftssport, der vom Hund Schnelligkeit, Springfreude und Apportiergeschick erfordert. Zwei Mannschaften mit je vier bis sechs Hunden treten in einem Staffellauf gegeneinander an. Jeder Hund muss vier hintereinander aufgestellte Hindernisse überspringen, um zur sogenannten „Flyballbox" zu kommen. Hier löst der Hund mit seiner Pfote einen Hebel aus, der dem Vierbeiner einen Ball zuwirft, den dieser wiederum fangen muss. Anschließend geht es erneut über die Hindernisse zurück zum Start bzw. Ziel. Nach Ankunft eines Hundes startet dort sofort der nächste Vierbeiner. Unterläuft einem Hund ein Fehler muss er den Durchgang noch einmal wiederholen. Die Mannschaftszeit wird gestoppt, wenn alle zugehörigen Hunde den Par-

cours fehlerfrei absolviert haben. Die schnellste Mannschaft gewinnt. Spaß und Teamarbeit stehen bei dieser Sportart an oberster Stelle.

Sportbegleiter Border Collie

Unterwegs mit dem Fahrrad

Sportliche Menschen können Ihren Sport ohne Weiteres mit der Anwesenheit Ihres Hundes verbinden. Vierbeinige Bewegungsfe-

Beim Flyball ist Schnelligkeit, aber vor allem auch Geschicklichkeit gefragt.

Begleitet Sie Ihr Border auf einer längeren Tour, packen Sie nicht nur für sich Proviant ein, sondern zumindest etwas zu Trinken für den Hund.

tischisten wie der Border Collie freuen sich über eine Fahrradtour genauso wie Herrchen und Frauchen, die sich in ihrer Freizeit körperlich fit halten wollen. Grundvoraussetzung für die ungefährliche Mitnahme eines Hundes am Rad ist natürlich ein gewisser Gehorsam: das sichere Herkommen auf Zuruf, gute Leinenführigkeit und einwandfreies Bei-Fuß-Gehen sind ein absolutes Muss für einen ungefährlichen Radausflug mit Ihrem Border Collie. Führen Sie einen ungeübten Hund langsam an das Laufen neben dem Fahrrad heran, denn auch er muss erst allmählich seine Kondition aufbauen. Bremsen Sie einen zu überschwänglichen Vierbeiner unbedingt ein, er könnte sich leicht selbst überschätzen, schließlich ist eine Radtour für den Hund deutlich anstrengender als für den Radler. Meiden Sie außerdem große Hitze. Halten Sie Ihren rennenden Kamerad vom Fahrrad aus an der Leine, wickeln Sie die Leine aus Sicherheitsgründen nie um den Lenker, sondern halten Sie diese so in der Hand, dass Sie im Notfall schnell loslassen können. Eine Alter-

native besteht im Springerbügel: Hier haben Sie die Hände frei und am Lenker, während Ihr Border Collie mit einem Kurzführer an einem gefederten Halter am Rad befestigt ist; eine Sicherheitsvorrichtung sorgt dafür, dass sich die Leine samt Hund im Notfall vom Rad löst und Sie so nicht gefährdet. Sie als Radler sollten bei einer Fahrradtour immer einen geeigneten Helm tragen.

Tipp!

Ausdauersportarten, bei denen der Hund länger läuft, sind nur für gesunde, nicht zu schwere und nicht zu alte Hunde geeignet; auch junge Vierbeiner müssen mit Rücksicht auf ihre weichen Knochen noch geschont werden: Gewöhnen Sie ihn erst ab einem Alter von anderthalb Jahren langsam an längere Strecken. Wärmen Sie Ihren Hund vor jeder sportlichen Aktivität gut auf, um Schäden am Skelett vorzubeugen.

Gemeinsame Bewegung an der frischen Luft – das macht beiden Spaß.

Viel Spaß am laufenden Band

Die Renner unter den Outdoorsportarten sind nach wie vor **Joggen**, **Walken** und **Nordic Walking**. Wie immer gilt für Mensch und Hund: geteiltes Vergnügen ist doppelte Freude. Vergessen Sie selbst bei gut folgenden Hunden nie, eine Leine für den Notfall mitzunehmen. Leinen Sie jagdbegeisterte Vierbeiner im Wald mit Rücksicht auf Wildtiere an. Damit der Jogger die Hände frei hat, hält der Fachhandel inzwischen spezielle Jogging-Leinen und -Gürtel bereit; in Letzteren wird die Leine einfach eingehängt. Natürlich muss Ihr Border Collie so gut erzogen sein, dass er nicht ungestüm an der Leine zieht. Planen Sie eine größere Runde mit Pause, vergessen Sie etwas Wasser für Ihren Vierbeiner nicht. Lassen Sie ihn allerdings nicht zu viel davon trinken, damit er durch das Rennen mit vollem Bauch keine Magendrehung bekommt.

Inlineskaten mit dem Border Collie

Nicht weniger sportlich geht's beim Inlineskaten zu. Damit dieser schnelle Sport mit Ihrem Border Collie jedoch nicht gefährlich wird, sollten Sie sich erst gemeinsam auf die „Piste" wagen, wenn Sie ein wirklich sicherer Skater sind und Ihr Vierbeiner absolut zuverlässig gehorcht. Außerdem ist diese Sportart nur für gut trainierte Hunde geeignet, da der Skater sehr schnell ein relativ hohes Tempo erreicht, dem der Vierbeiner dann standhalten muss. Respektieren Sie unbedingt die Grenzen Ihres Border Collies. Ein Sprint zwischendurch ist erlaubt, aber fahren Sie nicht ständig am (Tempo-)Limit. Neben einer speziellen Skaterausrüstung für den Zweibeiner ist für den Hund, zumindest für den Notfall, eine Leine sowie ein Geschirr empfehlenswert.

Probier's mal mit Gemütlichkeit

Mögen Sie keine flotten Sportarten, probieren Sie es mal mit einer ruhigeren Wanderung. Da jedoch auch hier von Zwei- und Vierbeinern Ausdauer gefragt ist, müssen Sie das Training wieder erst langsam aufbauen. Nehmen Sie für längere Touren neben einer eigenen Brotzeit auch Trinkwasser und, je nach

Tipp!

Erste Hilfe bei Muskelkater: vorbeugend gleich nach der Anstrengung 1 Tablette Rhus toxicodendron D30 oder im Akutfall 2 x tgl. 1 Tablette.

Dauer, eine kleine Futterration sowie einen
Napf für Ihren Border Collie mit. Vergessen
Sie außerdem ein Erste-Hilfe-Notfallset nicht.
Einer größeren Vorbereitung bedürfen längere Bergtouren. Sicheres Kartenlesen ist dabei
schon eine wichtige Grundvoraussetzung.
Klären Sie bei Mehrtagestouren unbedingt
vorab, ob Ihr Vierbeiner auch in Hütten über-
nachten darf.

Rund ums Spielen

Warum Spielen so wichtig ist

Alle jungen Tiere spielen gerne, denn Spielen
macht Spaß, aber nicht nur das: Im Spiel lernt
ein Vierbeiner fürs Leben und zwar sein Leben lang. Schon Welpen lernen spielerisch
ihre Umwelt kennen, lernen aus guten und
schlechten Erfahrungen; aber auch die Rangordnung innerhalb des Hunderudels und später innerhalb der Familie wird spielerisch aus-
getestet. Das Spiel mit Artgenossen legt für
Welpen den Grundstein zu einem normal
entwickelten, ausgeglichenen Sozialverhalten.
Spielen ist aber nicht nur für junge Hunde
wichtig; im Grunde kann ein Vierbeiner bis
ins hohe Alter spielerisch lernen. Erwachsene
Hunde testen untereinander ebenfalls immer
wieder im Spiel ihre Rangordnung aus.
Sehr selbstbewusste Tiere versuchen oft innerhalb ihrer Familie durch schelmische Tricks
ihre Grenzen und ihren Stand in der Familie
auszuloten. Lassen Sie sich hiervor nicht ein-

wickeln, sonst haben Sie schnell verspielt.
Auch veränderte Lebensbedingungen oder un-
bekannte Gegenstände werden noch von erwachsenen Hunden spielerisch erforscht. Häufiges Spielen schult außerdem das Gehirn des
Vierbeiners. So belegen Studien, dass Hunde,
die in ihrer Welpenzeit kaum Eindrücke sammeln konnten, ihr Leben lang weniger aufnah-
mefähig sind als Artgenossen, die zwar von
den Erbanlagen her nicht so intelligent sind,
dafür aber mehr gefördert wurden. Vierbeiner,
denen mehr geboten wird, können sich auch
nachweislich besser konzentrieren. Junge Hun-

Hunde, egal welchen Alters, die nicht spielen dürfen, können seelisch und auch körperlich verkümmern.

de erfahren durch ausgelassenes Toben nach Erziehungseinheiten eine tolle Belohnung. Sie dürfen nun ihren, durch die Anspannung des Lernens aufgestauten Energien so richtig freien Lauf lassen und entspannen sich somit wieder. Gehen Sie die Erziehung Ihres Border Collies spielerisch an, wirkt dies sehr motivierend auf den Vierbeiner, denn der Spaß kommt dabei nie zu kurz; außerdem entwickelt sich ein intensives Vertrauensverhältnis zwischen Ihnen und Ihrem Hund; regelmäßige Spielstunden schweißen Sie und Ihren Border zu einem richtigen Dream Team zusammen. Auf diese Weise bleibt Ihr wedelnder Kamerad auch im Alter lange körperlich und geistig fit. Schüchterne Vertreter gelangen durch einfache Spiele, die Erfolge bringen, zu einem neuen, gestärkten Selbstbewusstsein. Spielen ist für Hunde jeden Alters also in den unterschiedlichsten Bereichen wie ein Lebenselixier, ohne das sie auf Dauer physisch und psychisch verkümmern würden.

Lustige Hundespiele

Apportierspiele Beherrscht Ihr Border Collie das Kommando „Apport", hat er sichtlich Spaß daran, Ihnen im Alltag Dinge zu transportieren. Als eingespieltes Team können Sie Ihrem Vierbeiner in Zukunft eine tragende Rolle auf Spaziergängen und kleinen Einkaufstouren zukommen lassen. Beim ersten Morgenspaziergang wird Ihr haariger Helfer stolz wie Oskar die Tageszeitung vom Kiosk nach Hause bringen oder einen kleinen Henkelkorb mit frischen Brötchen. Unternehmen Sie an trüben Tagen einen Spaziergang, vergessen Sie den Regenschirm nicht, den Sie von nun an auch nicht mehr immer selber tragen müssen. Wichtig ist, den Hund während des Apportierens kräftig zu loben. Um seinen Spaß an der Arbeit zu fördern und sein Selbstvertrauen zu stärken, geben Sie ihm bei all diesen Aufgaben stets das Gefühl sehr wichtig zu sein. Hat er eine Aufgabe erfolgreich beendet, dürfen natürlich ausgiebiges Loben und ein Leckerli nicht fehlen.

Für die „Wasserratten" unter den Vierbeinern ist natürlich Ball spielen im Wasser das Größte.

Bitte beachten Sie ...

Nicht alle Hunde sind für jedes Spiel zu begeistern. Stellen Sie fest, dass Ihr Border Collie keinen Spaß an einem Spiel hat, wechseln Sie lieber zu einem anderen über. Diese Spiele sollen für beide Seiten eine lustige Abwechslung im Herr-Hund-Alltag sein und nicht in Drill und Frust ausarten.

Viele Border Collies apportieren auch gerne Dinge aus dem Wasser.

Gelehriger Gentleman Auch im Haushalt können Sie Ihren Border Collie als Träger einspannen: Verlieren Sie auf dem Weg in die Waschküche einen Socken, erspart Ihnen Ihr vierbeiniger Gentleman lästiges Bücken.
Etwas schwieriger ist das Bringen bestimmter Gegenstände auf Kommando. Hierfür muss Ihr Border Collie zusätzlich die Bezeichnung der einzelnen Dinge lernen. Zeigen Sie Ihrem

Vierbeiner zunächst höchstens zwei verschiedene Gegenstände und verwenden Sie dabei immer denselben Namen und dasselbe Kommando, z.B. „Pantoffel, Apport". Nimmt er den entsprechenden Gegenstand auf, wird ausgiebig gelobt. Vertut er sich, schimpfen Sie nicht, sondern nehmen Sie ihm mit einem ruhigen „Nein" das falsche Objekt ab und zeigen Sie ihm unter Betonung der richtigen

10 Spielregeln für Sie und Ihren Border Collie

Spielen macht Spaß, allerdings nur, wenn sich alle Mitspieler an bestimmte Regeln halten. Im Zusammenspiel Ihrem Border Collie bleiben Sie jedoch immer der Chef, der auch dafür sorgt, dass Ihr cleverer Vierbeiner nicht still und heimlich Ihre Autorität untergräbt.

Veranstalten Sie mit sehr selbstbewussten Rambos kein Tauziehen. Verlieren Sie dabei, legt Ihnen dies der Hund gleich als Schwäche aus.

- *Sie bestimmen Zeitpunkt und Ort.*
- *Sie sind der Spielzeug-Verwalter.*
- *Kein Tauziehen mit sehr selbstbewussten Rambos.*
- *Nach dem Füttern herrscht Spielverbot (Magendrehung).*
- *Lassen Sie Ihren Hund während des Spiels keine großen Mengen trinken (Magendrehung).*
- *Nicht in der größten Mittagshitze spielen.*
- *Auf ausreichende Ruhephasen achten.*
- *Belohnen Sie nicht nur mit Leckerli, sondern auch mit Stimme, Streicheln und Spielzeug.*
- *Sie legen das Spielende fest.*
- *Hören Sie auf, wenn's am Schönsten ist!*

Links: Apportiert Ihr Hund auf Kommando Spielzeug, lernt er auch schnell, Ihnen Ihre Pantoffeln, die Zeitung, eine kleine Gartengießkanne oder Ähnliches zu bringen.

Rechts: Auch ein zweiter Hund kann als „lebende" Hürde dienen.

Bezeichnung den gewünschten Gegenstand. Nimmt er nun das richtige Objekt auf, wieder überschwänglich loben und freuen. Klappt die Unterscheidung aus der Nähe, entfernen Sie sich allmählich immer weiter und schicken Sie Ihren haarigen Schüler aus der Distanz zu den jeweiligen Dingen. Nach und nach wird das Erlernte perfektioniert und Ihr Border Collie holt Ihnen schließlich Ihre Pantoffeln aus dem Schuhregal und die Zeitung vom Couchtisch.

Im Garten bringt Ihnen Ihr Vierbeiner gern eine kleine Gießkanne oder die Gartenhandschuhe. Selbst im Wasser sind viele Border Collies freudige Apporteure.

Für Sprungtalente Border Collies haben großen Spaß am Überspringen von Hürden. Hierfür eignet sich gut ein Besenstiel, der auf zwei auseinander gestellte Gartenstühle oder auf umgedrehte Obstkisten gelegt wird. Aus Schutz vor Verletzungen sollte die „Stange" bei einer Berührung leicht herunterfallen. Für größere Gärten ist eine alte Blech- oder Plastiktonne, die aber unbedingt gegen Wegrollen fixiert sein muss, ein interessantes Hindernis, außerdem ein fest aufgestellter, ausrangierter LKW-Reifen, der zum Durchspringen einlädt.

Unter Mithilfe einer weiteren Person kann Ihr Border Collie außerdem lernen, über Ihren Rücken zu springen. Knien Sie sich zunächst auf den Boden und stützen Sie sich im 90°

„Ich packe meinen Koffer ..."

Kennt Ihr Border Collie erst einmal die Bezeichnungen unterschiedlicher Gegenstände, können Sie ihn in Zukunft sogar vor einer Reise für das Kofferpacken einspannen. Nicht nur, dass er Ihnen dabei behilflich ist, auch der eigene Koffer mit allem hündischen Zubehör wird ab jetzt selbst gepackt. Ist Ihr fleißiger Kamerad selbst groß genug, kann ein kleiner Kinderkoffer verwendet werden, den er dann natürlich auch selbst tragen darf.

Wichtige Auflockerung

Weil das Erlernen von Kunststückchen eine sehr hohe Konzentration vom Hund verlangt, sollten Sie immer nur in kurzen Sequenzen üben. Schließen Sie stets mit einem Erfolgserlebnis ab und lockern Sie die einzelnen Lernschritte durch Pausen auf. Auch ein zwischenzeitliches Toben im Garten macht den Kopf wieder frei für die Aufnahme neuer „Befehle".

Erste-Hilfe-Tipp

Hat Ihr Hund doch einmal aus Versehen ein gefährliches spitzes oder scharfes Teil gefressen, füttern Sie als Erste-Hilfe-Maßnahme sofort rohes Sauerkraut; dies wickelt sich im Verdauungstrakt um den Gegenstand, sodass dieser, meist ohne weitere Schäden anzurichten, wieder ausgeschieden wird. Kontaktieren Sie zur Sicherheit aber trotzdem auch ihren Tierarzt.

Winkel mit beiden Händen vorne ab, sodass Ihr Rücken eine Art Brücke bildet. Nun lockt die zweite Person den Hund mit einem Leckerli und dem Befehl „Hopp" über Ihren Rücken. Hat Ihr intelligenter Vierbeiner erst einmal das Spiel begriffen, genügt nur noch das Kommando „Hopp" und er wird über die ihm angebotene „Hürde" springen. Wichtig dabei ist, das über den Rücken springen tatsächlich mit einem Kommando zu verknüpfen.

Mit Ihren Armen können Sie einen „Reif" bilden, durch den Ihr Border Collie ebenfalls gerne springt. Möchten Sie einmal eine Dog-dancing-Choreographie für den Hausgebrauch kreieren, bauen Sie die letztgenannten Sprungelemente mit ein.

Für Supernasen Ihr Border Collie erlebt sein braunes Wunder, wenn Sie ein Stück Pansen in einer speziellen Schnüffelbox verstecken. Wickeln Sie hierfür den Pansen in zerknülltes Zeitungspapier; dieses geben Sie nun samt duftendem Inhalt locker in eine Pappschachtel, deren Deckel bereits mit einigen Duftlöchern versehen ist. Jetzt heißt es für Ihren Hund: „Auf die Plätze, fertig, los!" Feuern Sie ihn mit dem Kommando „Such" und eigener Begeisterung an, sein Leckerli zu finden. Selbstverständlich dürfen dabei auch die Fetzen fliegen. Fortgeschrittene Vierbeiner können nach bestimmten Gegenständen suchen, die nach Ihnen riechen, wie beispielsweise Geldbeutel, Handschuh oder Schlüsselbund. Nehmen Sie auf einem Spaziergang unbemerkt vom Hund einen Tannenzapfen auf, reiben Sie ihn in Ihren Händen, werfen Sie ihn wieder weg und schicken Sie Ihre Supernase auf Streife. Loben sie eifrig, wenn er die richtige Richtung einschlägt. Hat er den

Gefährliches Hundespielzeug!

☠ *Gefährlich für Hunde ist Kinderspielzeug wie Bausteine oder Stofftiere mit Glasaugen oder Knöpfen, die schnell abgerissen und gefressen sind.*

☠ *Alle spitzen und scharfkantigen Gegenstände sind als Hundespielzeug absolut ungeeignet; dies gilt auch für Spielzeug, in dem spitze Teile wie Nägel oder Drähte eingearbeitet sind.*

☠ *Ebenfalls absolut tabu sind Schnüre, dünne Nylonstrümpfe, Plastikbecher oder Luftballons.*

☠ *Verboten sind Äste von giftigen Sträuchern sowie lackierte Dinge.*

☠ *Zu schweren Verletzungen können Materialien führen, die leicht splittern oder zerbrechen, wie bestimmte Holzarten, Glas, Keramik oder manche Kunststoffteile.*

Bei all diesen Dingen drohen dem Hund nicht nur schwere Verletzungen im Maul, sondern auch im Magen-Darm-Trakt. Im schlimmsten Fall kann Ihr Vierbeiner ersticken oder einen Darmverschluss bekommen.

Schleuderspielzeug kann gut selbst hergestellt werden. Ihr Hund hat auf jeden Fall Spaß damit.

Zapfen gefunden und nimmt er ihn auf, belohnen Sie ihn ausgiebig. Am Ende winkt natürlich ein Leckerli. Eine andere Variante besteht darin, dass Ihr Border Collie aus einem ganzen Haufen von Tannenzapfen den herausfinden soll, den Sie in der Hand gehalten haben.

Selbst gemachtes Hundespielzeug

Jute- oder Lederspielzeug lässt sich leicht selber herstellen: nehmen Sie hierfür einen alten Jutesack, füllen sie ihn mit etwas Holzwolle und binden Sie ihn mit einem Baumwollstrick fest zu. Lederreste ergeben zusammengenäht und ausgestopft ebenfalls ein interessantes Apportel. Ein ausrangiertes T-Shirt, ein abgetrenntes Jeansbein, ein ausgedienter Strumpf oder ein altes Handtuch sind, allesamt mit einem großen Knoten versehen, tolle Schleuderspielzeuge. Leere Pizzakartons ergeben lustige Frisbee®-Scheiben für den Hausgebrauch. Ihr Hund darf diese Flugobjekte am Ende sogar nach Herzenslust zerfetzen.

Der gemeinsame Alltag

Ein wohlerzogener Border Collie ist im Alltag ein toller Begleiter. Ihre Freunde freuen sich sicherlich nicht nur über Ihren Besuch, sondern auch über Ihren schwanzwedelnden Gefähr-

Achten Sie bei der Auswahl des Hundespielzeuges unbedingt darauf, dass sich Ihr Vierbeiner nicht damit verletzen kann.

Die meisten Hunde fahren liebend gerne mit im Auto. Sichern Sie ihn aber gut!

ten, der schnell Stimmung und Schwung in die Bude bringt. Der gemeinsame Gang in ein Restaurant sowie das brave unter dem Tisch Liegen versteht sich für einen vierbeinigen Gentleman von selbst. Mit einem vorbildlichen Hund sind Sie ein gern gesehener Gast, der fast schon negativ auffällt, wenn er einmal ohne seinen vierbeinigen Begleiter kommt. Mit einem wohlverdienten Schweineohr wird Ihrem Border Collie gleich die mittägliche Einkehr versüßt. Ein anschließender Verdauungsspaziergang tut nicht nur Ihnen, sondern auch Ihrem Vierbeiner gut. Ein gut erzogener Hund kann Sie außerdem zum Einkaufen begleiten. Gerne trägt Ihnen ein eifriger Apporteur einige Ihrer Einkäufe nach Hause. Auf diese Weise haben nicht nur Sie, sondern auch Ihr Border Collie Spaß am gemeinsamen Shoppen.

Etliche Hunde sind wahre Autofetischisten, die einfach nur gerne mitfahren.

Achten Sie hier unbedingt auf die ausreichende Sicherung Ihres Vierbeiners, ansonsten kann es im Falle eines Unfalls nicht nur gefährlich, sondern auch teuer werden, denn Tiere gelten im Auto rechtlich gesehen als Ladung. Sicherungssysteme gibt es inzwischen viele, doch leider sind nicht alle wirklich empfehlenswert. Achten Sie bei der Auswahl am besten auf vorliegende Ergebnisse von Crashtests oder DIN-Prüfungen. Auch der ADAC hat eine Liste mit Vor- und Nachteilen unterschiedlicher Sicherungseinrichtungen wie Spezialsicherheitsgurte, Trenngitter, Transportboxen & Co. herausgegeben. Natürlich kann Sie Ihr Border Collie bei vielen

weiteren Aktivitäten begleiten: zum Beispiel bei einem Ausritt, einem Ausflug an einen Badesee oder bei diversen Wintersportarten. Vielleicht haben Sie auch einen hundefreundlichen Chef, der sich über einen vierbeinigen Mitarbeiter mit Aufgabenschwerpunkt „Verbesserung des Betriebsklimas" freut. Wichtig ist bei allem, dass Sie Ihren Hund ganz behutsam an die jeweils neue Situation heranführen. Sparen Sie dabei nie mit Lob. Trauen Sie ihm andererseits aber auch außerhalb Ihrer vier Wände ruhig ein ordentliches Auftreten zu. Nur Mut!

Hundesitter und Tagesstätten

Immer wieder einmal wird es vorkommen, dass Sie Ihren Border Collie nicht mitnehmen können. Wenn Sie länger als 5 Stunden abwesend sind, sollten Sie Ihren Vierbeiner bei einem Hundesitter unterbringen. Idealerweise finden Sie jemanden im Freundes- oder Verwandtenkreis, der Ihren Border Collie liebt und bei dem sich auch Ihr Hund wohl fühlt.

Fragen Sie doch mal Ihren Chef, ob Sie Ihren wohlerzogenen und ruhigen Border Collie mit ins Büro nehmen dürfen.

Wenn Sie mit Ihrem Welpen trainieren, denken Sie daran, ihn immer im richtigen Augenblick zu belohnen – nämlich genau dann, wenn er etwas richtig gemacht hat.

Für viele Border Collies ist der Aufenthalt in einer professionellen Hundetagesstätte ein großer Spaß, da hier neue Freundschaften geknüpft werden können.

Ist dieser Fall für Sie unrealistisch, fragen Sie andere Hundebesitzer, die Sie täglich beim Spaziergang treffen. Vielleicht kennt jemand eine hundebegeisterte Person, die selbst keinen Vierbeiner halten kann, aber hoch erfreut über gelegentlichen Hundebesuch ist. Häufig sind Tiersitter auch Tierärzten, Tierschutzvereinen, Hundeschulen, Zoofachhändlern oder Ihrem Züchter bekannt. Empfehlenswert ist ebenfalls der Blick in die Kleinanzeigen Ihrer Tageszeitung oder ins Internet. Möchten Sie Ihren Border Collie lieber von einem Profi betreuen lassen, wenden Sie sich an eine Hunde-Tagesstätte; hier sind meist mehrere Vierbeiner gleichzeitig „geparkt". Für gut sozialisierte Hunde ist dieser Aufenthalt ein großer Spaß, da sie hier viel Kontakt mit Artgenossen bekommen.

Sensiblere Vertreter fühlen sich eventuell bei einem privaten Betreuer wohler, denn er kümmert sich ganz individuell ausschließlich nur um ihn. Tagesstätten sind häufig Hundepensionen oder -hotels angegliedert. Der Aufenthalt hier ist in der Regel teurer als bei einer privaten Stelle. Andererseits können Sie in professionellen Betrieben oftmals Extras buchen wie Erziehungstraining, Tierarztbesuche oder Wellnessprogramme. Nehmen Sie sich auf alle Fälle viel Zeit für die Suche und Auswahl eines geeigneten Hundesitters. Sehen Sie sich vor Ort genau um und beobachten Sie gut, wie Mensch und Hund miteinander umgehen und aufeinander reagieren. Nur, wenn ein optimales Vertrauensverhältnis gegeben ist, werden sich beide Seiten wohl fühlen. Und nur dann können Sie beruhigt auch mal ohne Ihren Border Collie unterwegs sein. Wichtig ist außerdem, den Vierbeiner möglichst frühzeitig an die Unterbringung bei anderen Personen zu gewöhnen, dann fällt ihm später die vorübergehende Trennung von Ihnen nicht so schwer.

Urlaub

Urlaub in einem Ferienhaus mit eigenem Garten lässt Hundeherzen höher schlagen.

Mit dem Border Collie auf Reisen

Dabeisein ist für einen Border Collie alles, daher gibt es für ihn auch nichts Schöneres als Sie im Urlaub zu begleiten. Ein sicherer Garant für eine erholsame Reise ist in erster Linie eine gute Organisation im Vorfeld. Planen Sie einen Auslandsaufenthalt, sprechen Sie unbedingt vor Ihren Ferien mit Ihrem Tierarzt; er wird Sie beraten und aufklären und Ihnen alle erforderlichen Medikamente mitgeben. Vergessen Sie nicht, den auf dem Mikrochip des Hundes enthaltenen Code

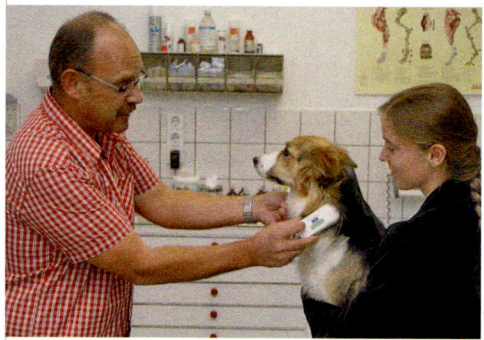

Den auf dem Mikrochip des Hundes enthaltenen Code müssen Sie spätestens vor einer geplanten Reise bei einem Tierregister eintragen lassen.

spätestens vor einer geplanten Reise bei einem Tierregister (siehe Kapitel „Hilfreiche Adressen") eintragen zu lassen, damit Ihr Vierbeiner im Falle eines Verschwindens schneller wiedergefunden werden kann.

Besorgen Sie rechtzeitig alle Grenzpapiere, fehlendes Reisezubehör und Hundefutter.

Nach der Auswahl eines hundefreundlichen Urlaubsortes, geht es an die Suche einer geeigneten Unterkunft. Möchten Sie ein All-Inclusive-Paket buchen, sind Sie mit einem tierfreundlichen Hotel gut beraten. Inzwischen gibt es sogar richtige Hundehotels, in denen sich Herr und Hund gleichermaßen verwöhnen lassen können. Außerdem werden Hotels mit angegliederter Hundeschule immer beliebter. Gerade Singles treffen hier viele Gleichgesinnte und knüpfen schnell Kontakte.

Wer es lieber ruhig hat, gerne flexibel ist und auf Luxus gut verzichten kann, dem sei ein Ferienhaus oder eine -wohnung empfohlen. Hier sind Sie Ihr eigener Herr und haben für sich und Ihren Border Collie viel Platz. Für abenteuerlustige Outdoorfreaks stellen urige Camping- und Hüttenaufenthalte sowie Trekkingtouren mit Hund eine reizvolle Alternative zum herkömmlichen Urlaub dar. Erkundigen Sie sich aber unbedingt vorab, ob Ihr Vierbeiner auch wirklich willkommen ist. Entsprechende Adressen und Informationen bekommen Sie über das Internet oder das Tourismusbüro Ihres ausgewählten Ferienortes.

Tipp!

Wenn Sie selbst eine kurze Toilettenpause benötigen, lassen Sie Ihren Border Collie an heißen Tagen nie im Auto zurück. Auch geöffnete Fenster verhindern nicht die enorme Aufheizung des Autos, das für den Vierbeiner schnell zur quälenden und tödlichen Falle werden kann.

Das gehört ins Hundegepäck

- ✓ Leine und Halsband bzw. Geschirr
- ✓ Adressen-Schild fürs Halsband mit Urlaubsadresse und dem Reisezeitraum sowie der Heimatadresse
- ✓ Maulkorb
- ✓ Eventuell Transportbox
- ✓ Körbchen, Decke und Handtücher
- ✓ Spielzeug
- ✓ Frisches Trinkwasser und Näpfe
- ✓ Futter, Leckerli und Kauknochen
- ✓ Dosenöffner
- ✓ Bürste und/oder Kamm
- ✓ Kottütchen
- ✓ Sonnenschutz
- ✓ Reiseapotheke
- ✓ EU-Heimtierausweis/Grenzpapiere
- ✓ Versicherungsnummer und Anschrift der Haftpflichtversicherung

Die Border-Collie-Reiseapotheke

- ✚ Eventuell benötigte Dauermedikamente
- ✚ Mittel gegen Reisekrankheit oder Beruhigungsmittel
- ✚ Mittel gegen Durchfall
- ✚ Wundspray/Desinfektionsmittel
- ✚ Augen- und Ohrentropfen
- ✚ Floh- und Zeckenmittel
- ✚ Zeckenzange/Schere
- ✚ Gaze, Verbandsmaterial
- ✚ Fieberthermometer
- ✚ Pfotenschutzschuh
- ✚ Rescue-Tropfen von Bach

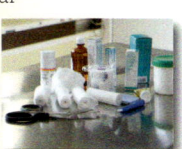

Fahrplan für Vierbeiner

Eine gute Organisation schließt auch die Wahl nach einem passenden Verkehrsmittel mit ein. Damit bereits die Anreise für alle Beteiligten stressfrei und entspannend wird, gibt es für die Mitnahme des vierbeinigen Lieblings je nach Land und gewähltem Verkehrsmittel einiges zu beachten. Am beliebtesten ist sicherlich die Fahrt mit dem Auto. Ihr Border Collie benötigt hier unbedingt einen eigenen Platz, an dem er vorschriftsmäßig gesichert ist. Achten Sie außerdem auf ausreichend Kühlung sowie Frischluft und Wasser. Vermeiden Sie jedoch Zug-

Bei einer längeren Autofahrt sollten genügend Pausen eingeplant werden, damit sich Ihr Border Collie lösen und die Beine vertreten kann. Dann kann die Fahrt weitergehen!

luft, denn diese kann zu schweren Augenentzündungen und Erkältungen führen. Regelmäßige Gassi- und Trinkpausen sind ein Muss. Halten Sie dafür immer Wasserflasche und -napf griffbereit. Damit Ihr Border Collie nicht mit schwerem Magen losfährt, füttern Sie ihn zuletzt maximal vier Stunden vor Reiseantritt. Führt Ihre Strecke über Bergstraßen, bieten Sie Ihrem Vierbeiner bei häufigem Gähnen oder Hecheln ein paar Leckerli oder einen Kaukno-

Bahnreisen sind nichts für nervenschwache Hunde. Sie müssen sowohl auf dem Bahnsteig als auch später im Zug selbst mit großen Menschenmengen, Enge und neuen Gerüchen fertig werden.

Beobachten Sie das Verhalten Ihres Vierbeiners genau: Er muss sich in der Pflegestelle sichtlich wohl fühlen und Vertrauen zu seinem potentiellen Pfleger haben.

chen an, damit sich der unangenehme Druck auf den Ohren löst. Planen Sie auf jeden Fall genug Zeit für die Anreise ein, eventuell sogar mit Zwischenübernachtungen. Die besten Reisezeiten sind morgens und abends, eventuell sogar nachts. Versuchen Sie Staugebiete zu umfahren. Geraten Sie trotzdem in einen Stau, verlassen Sie bei nächster Gelegenheit lieber die Autobahn für einen Spaziergang, bis sich der Stau wieder aufgelöst hat.

Mit der Bahn unterwegs

Für die Fahrt in einem öffentlichen Verkehrsmittel ist ein guter Benimm Ihres Border Collies unerlässlich. Auch eine gewisse Nervenstärke ist von Nöten, denn nicht nur auf dem Bahnsteig, sondern auch im Zug selber muss Ihr vierbeiniger Begleiter häufig mit Menschenmengen und großer Enge fertig werden. Vor der Abreise ist ein langer Spaziergang wichtig, damit Ihr Hund nicht nach einiger Zeit im Zug

ungeduldig wird. Längere Aufenthalte sind für kleine Pinkelpausen nützlich. Haben Sie für den Notfall immer auch ein Kottütchen parat. Lassen Sie Ihren Border Collie nie auf dem Bahnsteig frei laufen: Leicht könnte er durch das Treiben dort in Panik geraten und entwischen. In der Bahn ist ebenfalls Leinenzwang angesagt. Hunde von der Größe eines Border Collies müssen einen Maulkorb tragen (außer Blindenhunde) und benötigen eine Kinderfahrkarte. Weitere Infos finden Sie im Internet unter: **www.bahn.de**

In Österreich und der Schweiz gelten für die Beförderung von Hunden ähnliche Bestimmungen wie in Deutschland. Nähere Informationen erhalten Sie bei der Österreichischen Bundesbahn (ÖBB) unter **www.oebb.at** bzw. der Schweizer Bundesbahn (SBB) unter **www.sbb.ch**

Unterwegs in Bus und Taxi

In vielen Städten gibt es spezielle Tiertaxis. Aber auch in normalen Taxis dürfen Hunde mitfahren; erwähnen Sie aber bereits bei der Bestellung, dass Sie ein Vierbeiner begleitet. Busfahren ist in manchen Städten für Hunde

Internet-Tipp

*Unter **www.partner-hund.de** finden Sie die Einreisebestimmungen für Reisen mit Hund ins Ausland; auch etliche Gesetze, die im Reiseland gelten, sind aufgeführt sowie diverse Inlandsbestimmungen, hundefreundliche Ferienquartiere, Reiseangebote, Checklisten, Zubehör und Bezugsquellen.*

Weitere interessante Hinweise zum Thema „Urlaub mit Hund" finden Sie unter:
www.ferien-mit-hund.de

kostenlos, in anderen gilt der halbe Fahrpreis. Fragen Sie entweder gleich vor Ort den Fahrer oder erkundigen Sie sich vorab beim örtlichen Fremdenverkehrsbüro.

„Eine Seefahrt, die ist lustig ...“

Fährüberfahrten mit einer Dauer von ein bis drei Stunden stellen für Hundebesitzer meist kein Problem dar, weil der Vierbeiner in der Regel mit an Deck darf. Dies kann jedoch auch von Land zu Land verschieden sein, erkundigen Sie sich also lieber vorab bei Ihrem Reiseveranstalter. Bei längeren Strecken sind Hunde häufig wegen fehlender Unterbringungsmöglichkeiten nicht zugelassen. Manche Fähren bieten inzwischen schon spezielle Hundekabinen an. Grundsätzlich gilt auf Schiffen Leinenzwang, manchmal sogar Maulkorbpflicht. Vergessen Sie nicht Ihre Hundegrundausstattung wie Napf, Wasser, evtl. etwas Futter, eine Decke sowie den Impfpass und je nach Einreiseformalität ein Gesundheitszeugnis. Kreuzfahrten sind für Hunde tabu. Einzige Ausnahme: die „Queen Elisabeth II“, sie hat ein eigenes Hundedeck.

Flugreisen mit Hund

Kleine Hunde bis zu einem Gewicht von 5 kg dürfen bei den meisten Fluggesellschaften im Passagierraum mitfliegen. Informieren Sie sich aber unbedingt vor der Flugbuchung über die genauen Mitnahmebedingungen. Auch Blinden- und Behindertenbegleithunde können unabhängig von ihrer Größe bei ihrem Führer bleiben. Vierbeiner von der Größe eines Border Collies müssen in einer Transportbox im Gepäckraum untergebracht werden. Sprechen Sie vor einem Flug mit Ihrem Tierarzt und lassen Sie sich auf jeden Fall ein Beruhigungsmittel für Ihren Vierbeiner mitgeben, denn eine Flugreise bedeutet großen Stress für den Hund. Weitere Informationen zum Thema bekommen Sie unter **www.flughund.de**

Der Hundekoffer für die Pflegestelle

✓ Leine und Halsband bzw. Geschirr

✓ Adressen-Schild fürs Halsband mit Adresse des Hundesitters, Aufenthaltszeit sowie Heimatadresse

✓ Wenn nötig: Maulkorb

✓ Eventuell Transportbox/Hundegurt fürs Auto

✓ Spielzeug

✓ Futter- und Wassernapf

✓ Futter, Leckerli und Kauknochen

✓ Eventuell nötige Medikamente

✓ Bürste und/oder Kamm

✓ Kottütchen

✓ Zeckenzange

✓ EU-Heimtierausweis

✓ Versicherungsnummer und Anschrift der Haftpflichtversicherung

✓ Ihre Urlaubsanschrift/Handynummer für Notfälle

✓ Telefonnummer Ihres Tierarztes

✓ Liste mit Vorlieben, Abneigungen und Eigenheiten Ihres Hundes

Der Border Collie in der Pflegestelle

Bei manchen, besonders weit entfernten oder heißen Urlaubszielen ist es besser, auf die Mitnahme Ihres Border Collies zu verzichten und ihn während Ihrer Abwesenheit zu Hause optimal unterzubringen. Auch diese Ferienvariante muss gut vorbereitet werden. So gilt es zunächst einen zuverlässigen, lieben Hundesitter oder eine kompetente Tierpension zu finden. Im Idealfall kann Ihr Border Collie bei Verwandten oder Freunden einquartiert werden. Häufig nimmt der Züchter seinen ehemaligen Nachwuchs gern in Pflege. Vielleicht kennt er aber auch jemanden, bei dem Ihr haariger Kamerad während Ihres Urlaubs gut auf-

Damit eventuell auftretende Schwierigkeiten noch vor Ihrer Abfahrt geklärt werden können, geben Sie Ihren Border am besten schon zwei Tage vor Ihrem Urlaub in der Betreuungsstelle ab.

gehoben ist. Professionelle Hundepensionen finden Sie über das Internet, das Branchenverzeichnis, Ihren Tierarzt, Tierschutzvereine, Zoofachgeschäfte, Hundevereine, den Kleinanzeigenteil Ihrer Tageszeitung oder Tierzeitschriften. Auch andere Hundebesitzer, die Ihren Vierbeiner ebenfalls schon in einer Pension untergebracht haben, können Ihnen entsprechende Tipps geben. Sogar Tierheime nehmen vorübergehende Pfleglinge auf. Die Bezahlung ist hier für einen guten Zweck, denn das Geld kommt gleichzeitig dem Tierschutz zu gute.

Häufig nehmen auch die Züchter Hunde in Urlaubspflege – fragen Sie einfach nach.

Nehmen Sie sich unbedingt Zeit für die Auswahl eines geeigneten Pflegeplatzes. Sehen Sie sich vor Ort genau um, sprechen Sie ausführlich mit der zuständigen Person und vereinbaren Sie vorab am besten mehrere Treffen, damit Ihr Border Collie und der vorübergehende Betreuer sich schon etwas kennenlernen. Beobachten Sie das Verhalten Ihres Vierbeiners: fühlt er sich wohl in der neuen Umgebung? Hat er Vertrauen zu seinem möglichen Pfleger? Nehmen Sie Abstand von Hundepensionen, die nur auf Ihr Geld, nicht aber auf das Wohl Ihres Hundes aus sind. Zahlen Sie andererseits lieber mehr, wenn Ihnen der Pflegeplatz optimal erscheint. Haben Sie einen vertrauenswürdigen Hundesitter gefunden, schließen Sie mit ihm einen Vertrag ab. Sprechen Sie eventuelle Vorlieben, Abneigungen und Eigenheiten Ihres Border Collies an. Informieren Sie ihn außerdem über die gewohnten Fütterungs- und Gassigehzeiten. Gehorcht Ihr Vierbeiner nicht absolut zuverlässig, bitten Sie den Pfleger, Ihren Hund beim Spaziergang nicht abzuleinen. Alle wichtigen Informationen halten Sie für den Sitter am besten schriftlich fest. Geben Sie Ihren Border Collie nicht erst am letzten Tag vor Ihrer Reise in der Betreuungsstelle ab, damit eventuelle Schwierigkeiten noch vor Ihrer Abfahrt geklärt werden können.

Vorsorge

Vorsorgende Maßnahmen können mit zu einem langen und gesunden Hundeleben beitragen.

Zusätzlich zu einer optimalen Pflege, Ernährung und Auslastung gibt es weitere vorsorgende Maßnahmen, die zu einem langen, gesunden Hundeleben beitragen. Hierzu gehören natürlich regelmäßige Entwurmungen und Impfungen (siehe Kasten). Außerdem ist ein hygienisches Umfeld wichtig: Achten Sie stets auf einen sauberen Futterplatz und gereinigte Näpfe. Waschen Sie auch das Hundebett öfters in der Maschine, damit Parasiten wie Milben oder Flöhe keine Überlebenschance haben. Suchen Sie Ihren Border Collie zudem von Frühjahr bis Herbst täglich nach Zecken ab, denn diese könnten Ihren Hund beispielsweise mit Borreliose infizieren. Vor starkem Befall schützen spezielle Präparate vom Tierarzt.

Eine bewährte Prophylaxe gegen Krankheitsanfälligkeit ist viel Bewegung an der frischen Luft bei jedem Wetter, denn auf diese Weise härten Sie Ihren Vierbeiner ab.

Manchen gesundheitlichen Schwachstellen Ihres Hundes können Sie gut mit Alternativmedizin begegnen und dadurch Erkrankungen vorbeugen. Hier leistet beispielsweise die Homöopathie hervorragende Dienste. So unterstützt Echinacea wirkungsvoll ein geschwächtes Immunsystem. Das Anfangsmittel bei einer beginnenden Erkältung ist Aconi-

105

**Physiologische Daten
eines Border Collies**

Körpertemperatur 38 bis 39 °C
(bei Welpen bis zu 39,3 °C)

Atemfrequenz 20 bis 30 Züge pro Minute

Pulsfrequenz 70 bis 100 pro Minute

Schleimhaut: rosa, feucht, glatt und
glänzend, ohne Auflagerungen

Bei Stress und/oder körperlicher Belastung
steigen diese Werte an

Entwurmung

*Führen Sie viermal im Jahr eine Wurmkur
bei Ihrem Border Collie durch, um ihn vor
Darmparasiten wie Band-, Rund-, Haken-
und Peitschenwürmern zu schützen, mit
denen er sich überall in freier Natur durch
tote Wildtiere oder deren Kot infizieren
kann. Möchten Sie Ihren Hund nicht routi-
nemäßig entwurmen, sollten Sie wenigstens
alle drei Monate eine Kotprobe von Ihrem
Tierarzt auf Würmer untersuchen lassen,
damit Sie im Falle einer Infektion schnell
handeln können, schließlich ist eine Über-
tragung auf Menschen ebenfalls möglich.*

tum. Gelsemium oder Euphorbium können
bei bereits bestehendem Schnupfen und Bel-
ladonna bei Husten helfen. Zur Verbesserung
des Allgemeinbefindens wird China verab-
reicht. Weitere wirksame Rezepte hält die
Kräutermedizin parat. So tun Salbei-Tee und
-Honig Ihrem Hund bei Husten gut. Auch
Löwenzahn- und Spitzwegerich-Honig sind
empfehlenswert. Geben Sie in der Akutphase
mehrmals täglich einen Teelöffel. Anfällige,
alte oder geschwächte Tiere bekommen durch
Zufütterung von Vitamin-C-rei-
chem Hagebutten- oder Ho-
lunderbeerenmus   neuen
Schwung. Zur allgemeinen

Stärkung ist Rosmarin sehr gut geeignet.
Brennnessel und Löwenzahn kurbeln den
Stoffwechsel an und sorgen auf diese Weise
für eine bessere Fitness.

Reiben Sie rissige Ballen mit Kamillen- oder
Ringelblumensalbe ein, damit sie sich nicht
entzünden. Ebenso bewährt haben sich Jo-
hanniskraut- und Lavendelöl.

Behandeln Sie eine durch Schneefressen ver-
ursachte Magenreizung mit Kamillen-Tee; er

*In keinem Hundehaushalt sollte eine
Notfallapotheke fehlen.*

wirkt entzündungshemmend und beruhigt die Schleimhaut. Legen Sie bei Bauchschmerzen warme, entspannende Kamillen-Umschläge auf den Hundebauch.

Natürlich gehört auch ein hundesicheres Zuhause zu einer umfassenden Gesundheitsvorsorge. So ist der beste Schutz vor Unfällen die Vermeidung gefährlicher Situationen. Was Sie dabei in Ihrer Wohnung und Ihrem Garten alles beachten müssen, lesen Sie im Kapitel „Welpensicheres Zuhause". Wenn Ihr Border Collie nicht zuverlässig folgt, leinen Sie ihn in unsicherem Gelände nie ab: zu schnell kommt es zu einer Katastrophe. Ein wirkungsvoller Schutz vor Vergiftungen ist, Ihrem Hund schon frühzeitig beizubringen, nur auf Befehl hin zu fressen. So nimmt er auch unterwegs nichts Unerlaubtes und eventuell Gefährliches auf.

Hausapotheke für Ihren Border Collie

+ Eventuell nötige Dauermedikamente
+ Mittel gegen Durchfall (Kohletabletten)
+ Wundspray/Desinfektionsmittel
+ Augen- und Ohrentropfen
+ Floh- und Zeckenmittel
+ Zeckenzange
+ Wurmkur
+ Schere
+ Fieberthermometer
+ Gaze, Verbandsmaterial
+ Pfotenschutzschuh
+ Vaseline gegen rissige Ballen
+ Eventuell Maulkorb
+ Rescue-Tropfen von Bach

Impfungen

Damit Ihr Vierbeiner vor einigen sehr gefährlichen Infektionskrankheiten geschützt ist, sind Impfungen wichtig, die bis zur Abgabe des Welpen beim Züchter durchgeführt werden müssen. Für alle weiteren Impfungen sind Sie als neues Herrchen oder Frauchen des kleinen Knirpses verantwortlich. Zwar kann auch ein geimpfter Hund noch an den diversen Erregern erkranken, der Krankheitsverlauf selbst ist dann aber nur leicht, schließlich hatte das Immunsystem durch die Impfung vorab schon die

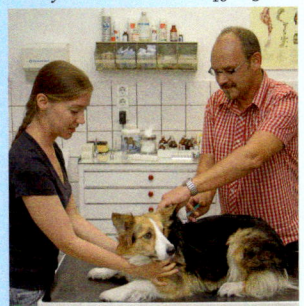

Möglichkeit, sich durch die Bildung von entsprechenden Antikörpern auf die Erregerbekämpfung vorzubereiten.

Folgendes Impfschema ist angeraten:

6. bis 8. Woche *Parvovirose und Staupe*

8. Woche *Hepatitis c.c., Leptospirose und Zwingerhusten*

10. bis 12. Woche *Auffrischung Parvovirose und Staupe*

12. Woche *Auffrischung Hepatitis c.c., Leptosirose und Zwingerhusten*

ab 12. Woche *Tollwut*

Das vom VDH und Tierärzten empfohlene Impfschema empfiehlt **mit 16 Wochen eine weitere Impfung:** *Parvovirose, Staupe, Hepatitis, Leptospirose, Zwingerhusten, Tollwut*

alle ein bis drei Jahre (je nach Hersteller) eine Auffrischungsimpfung *Parvovirose, Staupe, Hepatitis c.c., Leptospirose, Zwingerhusten, Tollwut*

Bekannte Krankheitsbilder

Diese beiden sind putzmunter und gesund und haben sichtlich Spaß mit dem Ball an der Schnur.

Je eher Sie eine Krankheit bei Ihrem Border Collie erkennen, umso besser. Beobachten Sie daher Ihren Hund gut und reagieren Sie bereits bei den ersten Anzeichen einer Erkrankung. Suchen Sie frühzeitig einen Tierarzt auf, hat Ihr Vierbeiner grundsätzlich die besten Heilungschancen.

Nachfolgend stellen wir einige bekannte Krankheitsbilder vor.

Hüftgelenksdysplasie (HD)

Unter der Hüftgelenksdysplasie versteht man eine Fehlentwicklung der Hüftgelenke. Hüftpfanne und Oberschenkelkopf entwickeln sich nicht passend zueinander. Weil die Pfanne zu flach, die Kugel zu klein oder nicht rund ist, umschließen sich beide Teile nicht richtig.

Somit liegt zu viel Spiel dazwischen, das zu einer verstärkten Reibung und Abnutzung im Gelenk führt. Dysplasien sind überwiegend genetisch bedingte Entwicklungs- bzw. Wachstumsstörungen. Da vor allem größere

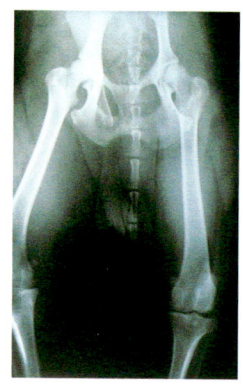

Wenn Hüftpfanne und Oberschenkelkopf nicht zueinander passen, hat dies für den Hund sehr schmerzhafte Folgen.

Rassen wie der Border Collie davon betroffen sind, legt beispielsweise der deutsche Rassezuchtverein auf eine sehr strenge Zuchtauswahl Wert, mit Erfolg, denn der Großteil der im deutschen VDH-Verein gezüchteten Border Collies ist inzwischen HD-frei oder zeigt Übergangsformen bis zur leichten HD.

In Deutschland wird die HD je nach Ausprägung in fünf Stufen eingeteilt: HD A bedeutet HD-frei, HD B ist verdächtig, HD C steht für leichte HD, HD D bedeutet mittlere und HD E schwere HD. Da die Erkrankung für den Hund zunehmend schmerzhaft ist, sind erste Anzeichen Bewegungsunlust, -vermeidung und Lahmheit der Hinterläufe.

Die medizinischen Behandlungsmöglichkeiten reichen von einer medikamentösen Schmerztherapie bis hin zu einem chirurgischen Eingriff. In der Alternativmedizin zeigt die Goldakupunktur beachtliche Erfolge. Unterstützend sind eine Ernährungsumstellung, die Vermeidung von Übergewicht und eine angemessene Bewegung (keine Ausdauer- und zusätzlich gelenkbelastenden Sportarten) hilfreich. Vorbeugend ist schon für den Welpen eine gesunde Kost mit einem Proteinanteil von höchstens 22 % wichtig, ansonsten wächst der Kleine zu schnell, was eine zusätzlich ungünstige Instabilität des Bewegungsapparates zur Folge hätte. Achten Sie außerdem auf eine nur mäßige Beanspruchung der Gelenke (kurze Spaziergänge, möglichst wenig Treppen steigen) solange sich der Junghund noch im Wachstum befindet.

Ellbogendysplasie (ED)

Die ED ist eine genetisch bedingte Entwicklungsstörung des Ellbogengelenks. Erste Anzei-

Augenerkrankungen

Alle Zuchthunde müssen jährlich von einem vom VDH anerkannten Augentierarzt auf Augenerkrankungen untersucht werden; nur Border Collies, die keine Augenerkrankungen aufweisen, sind zur Zucht zugelassen. Die letzte Augenuntersuchung vor einer Belegung darf nicht älter als 12 Monate sein.

chen wie plötzliche Lahmheit und Bewegungsvermeidung der Vorderbeine, die sich durch vermehrte Belastung verschlimmern, zeigen sich häufig schon bei einem Welpen. Eine eindeutige Diagnose kann jedoch erst nach abgeschlossenem Wachstum erfolgen. Durch hervorstehende Knochenteile der Elle kann es zu einer zusätzlichen Knochenabsplitterung kommen. Die Vorsorge- und Behandlungsmethoden sind ähnlich wie bei der HD.

In Deutschland ist es nicht vorgeschrieben, einen Border Collie vor der Zucht auf ED testen zu lassen, dies liegt einzig und allein im Ermessen des Züchters. Ein verantwortungsvoller Züchter wird jedoch nie bewusst mit kranken Tieren züchten.

MDR1-Defekt

Der MDR1-Gendefekt ist gehäuft bei Collies festgestellt worden; er führt zu einer ungenügenden oder

Eine Untersuchung von potenziellen Zuchttieren auf einen MDR1-Defekt sollte durchgeführt werden.

109

fehlenden Synthese des MDR1-Proteins. Normalerweise werden Fremdstoffe, die durch die Blutgefäße in das Hirn und andere Organe gelangen, erkannt und wieder zum Abtransport zurück ins Blut befördert. Das MDR1-Protein verhindert somit das Eindringen von Fremdkörpern und schützt die Organe vor schädlichen Stoffen. Es ist im Körper weit verbreitet und bildet unter anderem eine wirksame Absorptionsbarriere für Arznei- und Fremdstoffe im Darm. Außerdem spielt es bei der Arzneimittelausscheidung in Niere und Leber eine wichtige Rolle. Fehlt das MDR1-Protein kommt es bei vielen Arzneimittelstoffen zu einer schädlichen Überdosierung für den Organismus. Ob ein MDR1-Defekt vorliegt, kann anhand eines DNA-Tests untersucht werden.

Eine Untersuchung von potenziellen Zuchttieren auf einen MDR1-Defekt ist vom Club für Britische Hütehunde e. V. nicht vorgeschrieben, dennoch wird dieser Test von verantwortungsvollen Züchtern durchgeführt.

Collie Eye Anomaly (CEA)

Die Collie Eye Anomaly ist eine angeborene, erbliche Anomalie unterschiedlicher Bereiche des Auges (Netzhaut, Aderhaut, Lederhaut, Sehnerv). Die Entwicklung dieser Anomalie beginnt bereits mit dem 30. Embryonaltag; sie tritt immer an beiden Augen auf, wobei der Grad der Anomalie bei jedem Auge unterschiedlich sein kann. Je nach Ausprägung wird die Erkrankung in fünf verschiedene Grade eingeteilt. Im schlimmsten Fall kann es zu einer Netzhautablösung sowie zu Blutungen im Augeninneren kommen, was wiederum zu einer Erblindung führt.

Innerhalb der FCI-Zuchtvereine sind strenge Kontrollen vorgeschrieben, sodass generell nur mit CEA-freien Hunden gezüchtet werden darf.

Progressive Retina Atrophie (PRA)

Die Progressive Retina Atrophie ist ein Sammelbegriff für erbliche, fortschreitende Netzhautdegenerationen mit verschiedenen genetischen Ursachen. Durch lokale Stoffwechselstörungen im Gewebe der Netzhaut wird die Netzhaut kontinuierlich zerstört. Letztendlich führt die PRA zur vollständigen Erblindung, meist um das achte bis zehnte Lebensjahr des Hundes. Eine Behandlungsmöglichkeit gibt es nicht. Die Erkrankung beginnt mit einem verschlechterten Sehvermögen in der Dämmerung oder mit Nachtblindheit. Der Club für Britische Hütehunde e. V. lässt nur PRA-freie Hunde zur Zucht zu.

Katarakt (Grauer Star)

Unter Katarakt versteht man eine Trübung der Linse im Auge. Die Entwicklung des Grauen Stars ist in den meisten Fällen gene-

Hunde, mit denen gezüchtet werden soll, müssen auf Augenerkrankungen untersucht werden.

tisch veranlagt und nicht unbedingt altersabhängig. Die Ausprägung der Trübung kann klein und unbedeutend sein, sie kann aber auch stark das Sehvermögen des Hundes beeinträchtigen.

In letzterem Fall schafft, wie beim Menschen, eine ambulante Operation Abhilfe: Die trübe Linse wird zertrümmert und abgesaugt; anschließend setzt der auf Augenkrankheiten spezialisierte Tierarzt eine Kunstlinse ein, die dem Vierbeiner vor allem im Nahbereich ein deutlich verbessertes Sehen ermöglicht. Die Erfolgsquote liegt bei 90 %.

TNS (Trapped Neutrophile Syndrome)

TNS ist eine erbliche Erkrankung, bei der das Knochenmark zwar Neutrophile (weiße Blutkörperchen) produziert, diese aber nicht an den Blutkreislauf abgeben kann. Befallene Welpen haben dadurch ein so geschwächtes Immunsystem, dass sie schon an einer leichten Infektion sterben können; meist werden sie nicht älter als vier Monate. Die Diagnosestellung ist schwierig und oft nicht eindeutig. Mittels einer DNA-Analyse ist dieser Gendefekt feststellbar.

In Deutschland ist es nicht vorgeschrieben, einen Border Collie vor der Zucht auf TNS testen zu lassen, dies liegt einzig und allein im Ermessen des Züchters.

Epilepsie

Epilepsie ist eine Anfallserkrankung, die sich in Muskelkrämpfen zeigt. Sie können als Schüttelkrämpfe oder als anhaltende Muskelanspannung auftreten und sind Folge anfallsartiger, synchroner Entladungen von Neuronengruppen im Gehirn. Gleichzeitig

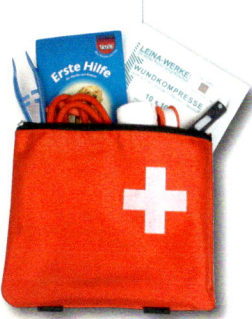

Notfall-Set

+ Elastische Mullbinden
+ Sterile Gaze
+ Selbstklebende Verbände
+ Watte
+ Pflasterrolle
+ Verbandsschere
+ Wunddesinfektionsmittel
+ Antiseptisches Puder
+ Brand- und Antihistamin-Salbe (vom Tierarzt)
+ Heparin-Salbe (vom Tierarzt)
+ Traumeel Salbe
+ Digitales Fieberthermometer
+ Taschenlampe
+ Decke
+ Eventuell Maulkorb
+ Ersatzleine
+ Einmalhandschuhe

beobachtet man häufig Bewusstlosigkeit, Halluzinationen, Verhaltens- und Wesensänderungen, Harn- oder Kotabsatz und Speicheln. Die Diagnose erfolgt mittels einer Hirnstromkurve (EEG) oder bildgebenden Verfahren. Man unterscheidet zwischen einer primären (angeborenen) und einer sekundären (durch andere Erkrankungen erworbene) Epilepsie. Ein Anfall dauert in der Regel ein paar Minuten. Die Behandlung erfolgt als Dauertherapie mit Anti-Epileptika; auch die Homöopathie kann hier gute Erfolge erzielen. Der Club für Britische Hütehunde e. V. schließt epilepsiekranke Hunde von der Zucht aus.

111

Alternative Heilmethoden

In der Naturheilkunde werden die Hunde ganzheitlich behandelt.

Auch im tiertherapeutischen Sektor sind alternative Heilmethoden zunehmend im Kommen. Bei manchen Krankheiten kann eine schulmedizinische Behandlung häufig völlig durch alternative Verfahren ersetzt werden. Meist dauert solch eine Therapie zwar länger, andererseits ist sie jedoch deutlich nebenwirkungsärmer. Bei chronischen Erkrankungen hat sich der Einsatz alternativer Heilmethoden ebenfalls bewährt. In schweren Krankheitsfällen können natürliche Verfahren mit der Schulmedizin kombiniert werden und so zusätzliche Linderung verschaffen. Im Folgenden stellen wir Ihnen einige bewährte Heilmethoden vor.

Homöopathie

Die Homöopathie, die von dem Arzt Samuel Hahnemann (1755–1843) begründet wurde, betrachtet den Menschen bzw. das Tier als Ganzes. Hier spielt nicht nur das akute körperliche Symptom eine Rolle, sondern die gesamte Persönlichkeit des Tieres mit all ihren körperlichen und seelischen Eigenheiten. Um das passende Mittel zu finden, sind also neben dem Leitsymptom auch der Wesenstyp, die Entstehung der Krankheit, der augenblickliche Zustand und weitere Besonderheiten des Patienten zu beachten. Dabei gilt der Grundsatz: Ähnliches ist mit Ähnlichem zu heilen. Homöopathika stammen überwiegend aus dem Pflanzenreich; man verwendet aber auch Mineralien, Stoffe aus dem Tierreich, Metalle und Nosoden. Mithilfe von Wasser, Alkohol oder Milchzucker entstehen aus den natürlichen Stoffen Ursubstanzen. Diese Ursubstanzen werden nach den Angaben Hahnemanns durch entsprechende Verdünnungen zu Dezimalpotenzen (z.B. D-, C-, LM-Potenzen) verarbeitet, die der Therapeut schließlich je nach

Schweregrad der Erkrankung zur Behandlung einsetzt. Homöopathische Arzneimittel gibt es als Tropfen, Tabletten, Globuli (Streukügelchen) oder Injektionslösungen. Neben den reinen Substanzen sind auch etliche homöopathische Mischpräparate erhältlich.

Phytotherapie

Unter Phytotherapie oder Pflanzenheilkunde versteht man die Lehre der Verwendung von Heilpflanzen als Medikament. Sie gehört zu den ältesten medizinischen Therapien und ist auf der ganzen Welt in allen Kulturen verbreitet. Zum Einsatz kommen dabei ganze Pflanzen und deren Teile (Blüten, Blätter, Wurzel), die auf verschiedene Weise (z.B. als Frischkraut, Aufguss, Auskochung, Kaltwasserauszug und Pulverisierung) zu einem Medikament verarbeitet werden. Meist verwendet der Phytotherapeut Stoffgemische, die sich bereits als gut wirksam bewährt haben. Auch die Homöopathie nutzt auf pflanzlicher Ebene die Erkenntnisse der Phytotherapie.

Akupunktur

Die Akupunktur ist ein Teilgebiet der Traditionellen Chinesischen Medizin (TCM). Man geht hier von über 300 Akupunkturpunkten aus, die auf verschiedenen Meridianen (= Energiebahnen) des Körpers angeordnet sind. Durch das Einstechen von speziellen Akupunkturnadeln erwärmen sich die gestochenen Punkte und bringen das Qi (= Lebensenergie) wieder in einen intakten Fluss. Die Akupunktur gehört zu den Umsteuerungs- und Regulationstherapien. Eine Sitzung dauert ca. 20 bis 30 Minuten. Der Patient wird dabei ruhig und entspannt gelagert. Eine komplette Therapie umfasst in der Regel 10 bis 15 Sitzungen. Die Akupunktur hat sich vor allem bei Schmerzpatienten bewährt. Für

Eine Behandlung mit Akupunktur ist für viele Schmerzpatienten die letzte Möglichkeit, wieder beschwerdefrei laufen zu können.

Nicht nur Hunde sprechen auf den Einsatz von Heilpflanzen ausgesprochen gut an. Die Phytotherapie gehört zu den ältesten medizinischen Therapien der Welt.

Neben der Akupunktur wird auch die Osteopathie sehr erfolgreich bei der Behandlung von Schmerzpatienten eingesetzt.

Diese Goldkugeln bewirken eine Dauerakupunktur; die Schmerzleitung wird dadurch gehemmt und das Tier läuft somit wieder beschwerdefrei. Der Eingriff ist einmalig und wirkt in der Regel ein Leben lang. Die Goldakupunktur führt nicht jeder Tierarzt durch. Voraussetzung ist eine Ausbildung sowie langjährige Erfahrung in Akupunktur, ganzheitlicher Orthopädie und Chirurgie. Tierärzte mit der Zusatzbezeichnung „Akupunktur" sind bei den einzelnen Landestierärztekammern zu erfahren.

Osteopathie

Die Osteopathie ist eine sanfte Methode, mit deren Hilfe die Selbstheilungskräfte des Körpers neu aktiviert werden. Auch der Osteotherapeut arbeitet ganzheitlich; nach einem ausführlichen Gespräch über den Patienten und dessen Beschwerden erspürt er mit seinen Händen Körperblockaden, die er anschließend durch bestimmte Berührungstechniken auflöst (meist sind mehrere Anwendungen nötig). Auf diese Weise kommt das Körpergewebe wieder ins Gleichgewicht und alle Körperflüssigkeiten zurück in ihren natürlichen Fluss.

Osteopathie wird vor allem bei Schmerzpatienten erfolgreich angewendet, wobei der Schmerz meist nur ein Symptom einer tiefer liegenden Erkrankung bzw. Blockade ist. Immer mehr Tierphysiotherapeuten bieten zusätzlich zu ihrem herkömmlichen Leistungsspektrum Osteopathie an.

Hunde mit HD oder anderen Gelenkproblemen ist dies oft die letzte Chance, schmerzfrei zu werden. Eine Spezialform der Akupunktur ist die Goldakupunktur: dabei werden kleine Goldkügelchen minimalinvasiv unter Narkose in bestimmte Akupunkturpunkte eingesetzt.

Was ändert sich im Alter?

Hundesenioren gebührt besondere Aufmerksamkeit. Sie haben sich nach ereignisreichen Jahren des Zusammenlebens mit uns einen besonders schönen Lebensabend verdient.

Auch mit einem Hundesenior sind gemeinsame Ausflüge möglich – manches geht eben etwas langsamer.

Ein Border Collie altert etwa ab dem 10. Lebensjahr. Dies macht sich nicht nur durch äußere Anzeichen wie dem zunehmenden Grauwerden um Schnauze und Augen bemerkbar, sondern auch durch bestimmte Wesensveränderungen und Alterswehwehchen. Ihr Border Collie wird nun gelassener und ruhiger. Er hat ein höheres Schlafbedürfnis als früher, sein Bewegungsdrang nimmt allmählich ab. Oftmals reagieren ältere Vierbeiner weniger flexibel auf Veränderungen. Ebenfalls häufig zu erkennen ist eine verstärkte Anhänglichkeit, nächtliche Unruhe und ein geringeres Interesse an Artgenossen. Manche Hunde zeigen sich sogar schrullig und legen plötzlich bestimmte Marotten an den Tag, die sie vorher nicht hatten. Ursache hierfür können Verkalkungen im Gehirn sein, die eine Senilität bewirken. Jetzt ist mehr denn je Ihr Humor und Ihre Lockerheit gefragt; zwar sollten Sie selbst mit einem alten Vierbeiner konsequent sein, trotzdem darf hier und da ein Augenzwinkern nicht fehlen.

Auch die Leistung der Sinnesorgane lässt allmählich nach: Ihr Border Collie hört, sieht und riecht nun schlechter als früher. Viele Hunde zeigen außerdem eine erhöhte Neigung zu Übergewicht. Um den gefährlichen Folgen des Dickwerdens wie Gelenkschäden oder Herz-Kreislauf-Störungen vorzubeugen, ist eine altersangepasste Ernährung nötig.

Trotz aller Veränderungen ist es wichtig, dass Sie Ihren vierbeinigen Senior nicht als alt, senil und „unbrauchbar" abstempeln.

Der richtige Umgang

Wer rastet, der rostet

Ein betagter Border Collie baut schneller ab, wenn er sich abgeschoben fühlt und nicht mehr altersangemessen gefordert wird. „Wer rastet, der rostet" gilt also auch für alte Hunde, daher ist körperliche Aktivität besonders wichtig. Sie bringt nicht nur den Kreislauf in

Fitmacher „Spielen"

Fordert Ihr vierbeiniger „Rentner"  *Sie noch zum Spielen auf, machen Sie ihm die Freude und gehen Sie darauf ein; so fühlt er sich wichtig und dazugehörig. Respektieren Sie allerdings die Tatsache, dass ältere Hunde schneller die Lust am Spielen verlieren als Jungspunde. An manchen Tagen ist Ihr betagter Freund vielleicht überhaupt nicht zum Spielen aufgelegt. Möchte Ihr Senior von heute auf morgen nicht mehr spielen, lassen Sie ihn vom Tierarzt untersuchen, denn eventuell verdirbt ihm ein akutes gesundheitliches Problem den Spaß.*

Auch im Alter haben viele Border Collies noch Spaß am Agility, wenn der Parcours altersgerecht aufgebaut ist.

Schwung, auch Muskeln und Gelenke bleiben beweglich. Ebenso wird die Durchblutung aller Organe angeregt und eine optimale Sauerstoffversorgung gewährleistet. Der zusätzliche Abbau von Stresshormonen führt zu ausgeglichener Zufriedenheit. Passen Sie Art und Umfang der Bewegung den Bedürfnissen, der Fitness und der allgemeinen, bis dahin erworbenen Kondition Ihres Border Collies an. Gehen Sie sensibel auf den Aktivitätsdrang Ihres Vierbeiners ein. Beobachten Sie ihn gut und überfordern Sie ihn nicht. Ein Spaziergang, auf dem Ihr bellender Senior über sein Tempo und eventuelle Toberunden selber bestimmen darf, ist besser als eine Joggingrunde, bei der Ihr alter Freund nur mühsam Schritt halten kann. War Ihr Rentnerhund sein Leben lang begeisterter Agility-Sportler, hat er bei entsprechender körperlicher Verfassung auch noch im Alter Spaß daran, einen Parcours mit niedrigeren Hindernissen zu überqueren. Setzen Sie untrainierte Vierbeiner allerdings nicht von heute auf morgen anstrengenden, ungewohnten Aktivitäten aus.

Bei Spaziergängen ist Regelmäßigkeit und Gleichmäßigkeit sehr wichtig; das heißt: Gehen Sie mit einem alten Border Collie lieber mehrmals täglich eine halbe Stunde spazieren, als einmal am Tag ganz lang. Behalten Sie diese

Kontinuität auch am Wochenende und im Urlaub bei, damit der Grad der Belastung einheitlich bleibt. Achten Sie zudem darauf, dass Ihr Senior vor einer Übungseinheit auf dem Hundeplatz, einer Toberunde mit Artgenossen oder einer kleinen Fahrradtour genügend aufgewärmt ist. Ein unvorbereiteter Kaltstart belastet Herz, Kreislauf, Muskeln, Bänder und Gelenke zu stark. Führen Sie Ihren Vierbeiner lieber erst in gleichmäßigem Schritttempo an der Leine spazieren, ehe er sich richtig auspowern darf. Im Anschluss an eine sportliche Betätigung sollte Ihr Senior ebenfalls in ruhigem Tempo wieder abkühlen können.

Regelmäßige Bewegung ist wichtig

Damit Gelenke, Muskeln und Bänder nicht überbelastet werden, ist eine gleichbleibende Bewegungsabfolge empfehlenswerter als bei-

Beim Gassigehen sollten Sie Ihren Vierbeiner das Tempo bestimmen lassen.

Im Sommer gibt es auch für den älteren Border nichts schöneres, als im Bach oder Teich zu schwimmen. Achten Sie darauf, ihn hinterher gut trocken zu rubbeln.

spielsweise ein wildes Ballspiel, bei dem der Hund abrupt starten und wieder abbremsen muss.

Extrem Kreislauf belastend sind hohe, schwüle Sommertemperaturen. Verlegen Sie Spaziergänge und sportliche Aktivitäten mit Ihrem vierbeinigen Rentner an solchen Tagen also lieber auf die kühlen Morgen- und Abendstunden.

Ein toller Sommersport für alte Hunde ist Schwimmen. Der beim Schwimmen ausgeführte gleichmäßige Bewegungsablauf schont den Kreislauf und die Gelenke. Ihr Border Collie kann hier auch sein Tempo und das Maß der Bewegung gut selbst bestimmen. Nicht-

Gezielte Physiotherapie kann bei Krankheiten des Bewegungsapparates helfen, beispielsweise auf einem Unterwasserlaufband.

schwimmer plantschen vielleicht lieber à la Kneipp. Nutzen Sie in der warmen Jahreszeit also jedes Gewässer, an dem Sie vorbeikommen. Rubbeln Sie einen empfindlichen Hund an kühlen Tagen gut trocken, denn Nässe und Wind führen schnell zu einer gefährlichen Lungenentzündung oder einem schmerzhaften Rheumaschub. Für die Wintermonate stehen vereinzelt Hundeschwimmbäder zur Verfügung. Diese sind in der Regel einer Praxis für Tierphysiotherapie angeschlossen.

Hat Ihr Vierbeiner bereits körperliche Beschwerden, bedeutet dies nicht automatisch ein generelles Bewegungsverbot. Bei etlichen chronischen Erkrankungen trägt ein individuell abgestimmtes Mobilitätsprogramm oft sogar zur Besserung bei. In der Akutphase kann allerdings vorübergehende Ruhe nötig sein. In einem solchen Fall sprechen Sie sich am besten mit Ihrem Tierarzt. Er klärt Sie je nach Art und Schwere des Leidens Ihres Border Collies darüber auf, welche Bewegungen erlaubt und welche verboten sind. Eine gezielte Physiotherapie kann bei Krankheiten des Bewegungsapparates helfen.

Beschäftigungstipps für Seniorhunde

Viele Hunde spielen noch bis ins hohe Alter, meist zwar nicht mehr mit Artgenossen, dafür aber in kurzen Sequenzen mit Herrchen oder Frauchen. Spielen macht dann nicht nur Spaß, sondern hat für ältere Vierbeiner sogar einen therapeutischen Nutzen – es bedeutet Ablenkung von kleineren Alterswehwehchen sowie Stärkung des altersmäßig häufig angeknacksten Selbstbewusstseins, denn Ihr Seniorhund steht plötzlich wieder ganz im Mittelpunkt und erhält viel Lob, das zu neuem Stolz verhilft. Etliche Graue Schnauzen fallen durch ein lustiges Spiel sogar regelrecht in einen Jungbrunnen. Und: Hunde, die ihr Leben lang spielerisch gefordert wurden, bleiben länger fit und gesund.

Allroundhelfer „Spaziergang"

*Für alte Hunde ist regelmäßiges Spazieren-
gehen immer noch sehr wichtig. Der Vierbeiner kann hier sein Tempo selbst bestimmen;
die Bewegungsabläufe sind in der Regel
gleichmäßig. Außerdem hält ein Gang an*

*der frischen Luft viele Sin-
neseindrücke parat: Ihr Senior hat Kontakt zu Artgenossen und zu anderen
Menschen; außerdem
nimmt er unterschiedliche
Geruche wahr („Zeitung
lesen"). Und: Die Bewe-
gung draußen bei jedem Wetter stärkt das
Immunsystem. Empfindliche Hunde schützen
Sie bei Nässe und Kälte mit einem speziellen
Hundemantel vor einer Erkältung oder
einem Rheumaschub. Ein Spaziergang wird
abwechslungsreicher, wenn Sie unterwegs
kleine Spielchen oder Gehorsamkeitsübungen
einstreuen. Nehmen Sie es Ihrem Rentner
aber nicht krumm, wenn er mal einen
schlechteren Tag und somit keine Lust auf
Gaudi hat. Stecken Sie zur Belohnung
immer die Lieblingsleckerlis Ihres betagten
Kumpels ein. Auch die regelmäßige Verabre-
dung mit anderen Hundebesitzern macht die
tägliche Bewegung kurzweiliger.*

Selbstverständlich verlangt das Spielen mit älteren Vierbeinern erhöhte Rücksichtnahme auf
den aktuellen Gesundheitszustand sowie die
bis dahin erworbene Kondition. Ein Hund, der
unter Arthrose leidet, sollte etwa keine Hindernisse überspringen, kann dafür aber noch
leichte Gegenstände apportieren oder eine
Fährte erschnüffeln. Diverse Zipperlein sind
also noch kein Grund, generell auf Spiel und
Spaß zu verzichten. Mit etwas Fantasie, viel
Einfühlungsvermögen und Humor findet man

genügend Möglichkeiten, auch einen Seniorhund altersangemessen zu fordern.

- *Haben Sie einen alternden, aber noch
fitten Sportler im Haus, lassen Sie ihn
über niedrige Hürden oder durch einen
höhenverstellbaren Reifen springen.
Letzterer lässt sich problemlos aus einem
Fahrradreifen, der in einen Skistock
eingefädelt ist, selbst bauen. Auf Spaziergängen laden niedrige Baumstämme zum
Überspringen ein.*

- *Apportieren steht bei vielen älteren Freaks
noch hoch im Kurs. Mit Rücksicht auf den
schon abgenützten Bewegungsapparat des
Hundes, sollten die zu bringenden Gegenstände allerdings wenig wiegen. Ansonsten sind Ihrer Fantasie kaum Grenzen
gesetzt: ob Plastikgießkanne, Zeitung
oder Hausschuhe, Ihr wedelnder Gentleman wird Sie sicherlich nicht enttäuschen.*

- *Bieten Sie Ihrem vierbeinigen Rentner
außerdem Schnüffelspiele an, die seine
Sinne und die Konzentrationsfähigkeit
fördern. Da die Riechleistung im Alter
abnimmt, sind stark duftende „Lock-
stoffe" wie getrockneter Pansen empfehlenswert, mit dem Sie beispielsweise eine
Fährte durch den Garten legen können.*

*Das Kunststück „Verbeugung" ist auch für alte und
fitte Senioren noch geeignet.*

119

Immer wieder beliebt ist auch das Hüt-
chenspiel: Stellen Sie drei umgedrehte
Plastikblumentöpfe in etwas Abstand ne-
beneinander auf. Unter einen Topf legen
Sie vor den Augen Ihres Vierbeiners ein
Leckerchen. Nun vertauschen Sie mehrmals durch Verschieben die Plätze der
„Hütchen". Anschließend muss Ihr Senior
die Leckerei finden.

🐕 Arthrosegeplagte Vierbeiner dürfen ihr
Können bei einem konzentrierten Lauf
über ein Cavaletti-Hindernis beweisen.

eine Neueinstudierung leichter Übungen
wie Pfotegeben oder Sich-Schlafend-
Stellen machbar und sinnvoll, denn durch
Kopfarbeit bleiben ergraute Schnauzen
deutlich länger jung. Selbst die wieder-
holte Abfrage des Grundgehorsams ist für
alte Hunde eine wichtige Bestätigung.

Das gemeinsame Spielen mit einem Seniorhund bringt nicht nur viel Spaß und neue Le-
bensfreude, sondern schweißt Sie noch enger
zu einem tollen Team zusammen. Nützen Sie
die Zeit miteinander so lange es geht!

*Ein regelmäßiger, aber langsamer Slalom mit dem aufgewärmten Seniorhund verhilft ihm zu mehr Beweg-
lichkeit, denn der Hundekörper wird einmal nach links und einmal nach rechts gedehnt und so weiter.*

Legen Sie hierfür eine Leiter etwas erhöht
auf den Boden und achten Sie darauf,
dass Ihr wedelnder Gefährte eine Pfote
nach der anderen in die Sprossenzwi-
schenräume setzt. Auch ein Slalom durch
diverse aufgestellte Hindernisse oder
durch Bäume im Wald ist beliebt.

🐕 Hat Ihr Vierbeiner im Laufe seines Le-
bens Kunststückchen gelernt, fragen Sie
diese immer wieder ab, denn das hält
geistig fit. Hunde, die hier über Jahre
hinweg trainiert wurden, lernen selbst
noch im Alter problemlos neue Tricks.
Aber auch für eher ungeübte Rentner ist

Pflege und Wellness

Verwöhnen Sie Ihren vierbeinigen Liebling
mal mit einigen Anwendungen aus dem
Wellnessbereich. So wird durch eine entspannende Bürstenmassage beispielsweise nicht
nur abgestorbenes Haar herausgekämmt,
sondern auch die vermehrte Durchblutung
der Haut angeregt. Intensives Streicheln wirkt
ebenfalls wie eine angenehme, vitalisierende
Massage. Massieren Sie Ihren Border Collie
sanft mit kreisförmigen Bewegungen. Lo-
ckernd wirkt ein leichtes Kneten und Rollen
von Haut und Muskeln. Die Aromatherapie
kann Hundesenioren zu neuer Energie ver-

Pflegetipps für Seniorhunde

- ✓ *Bürsten Sie Ihren Border Collie regelmäßig.*
- ✓ *Kontrollieren Sie die Haut auf Veränderungen und eventuelle Liegeschwielen, außerdem die Krallen.*
- ✓ *Regelmäßige Zahnkontrolle sowie Zähneputzen sind empfehlenswert, denn Prophylaxe schützt wirksam vor vielen Zahnproblemen.*
- ✓ *Tasten Sie Ihren Senior wöchentlich nach eventuellen Veränderungen ab.*
- ✓ *Reinigen Sie regelmäßig Augen, Ohren, Scham bzw. Penis.*
- ✓ *Entwurmen Sie auch den älteren Border Collie alle drei bis vier Monate.*

- ✓ *Rauchen Sie nicht in der Gegenwart Ihres Hundes, denn Passivrauchen beschleunigt den Alterungsprozess.*
- ✓ *Geben Sie Ihrem Vierbeiner einen warmen, weichen und vor Zugluft geschützten Schlafplatz, den Sie hygienisch sauber halten.*
- ✓ *Gehen Sie ein- bis zweimal im Jahr mit Ihrem Hund zur Altersvorsorgeuntersuchung zu Ihrem Tierarzt.*

helfen; sie stärkt den Kreislauf, aktiviert die Abwehrkräfte und fördert die seelische Ausgeglichenheit. Außerdem wird ihr eine besonders erfrischende Wirkung nachgesagt. Geben Sie einige Tropfen der ätherischen Öle entweder in eine Duftlampe, in ein Kräutersäckchen oder direkt auf den Liegeplatz des Hundes, allerdings sehr sparsam dosiert, damit die feine Hundenase den Geruch nicht als störend empfindet. Für ältere Vierbeiner sind besonders Lavendel, Zitrone, Grapefruit, Orange, Geranium und Muskatellersalbei empfehlenswert, denn sie haben auf den gesamten Organismus eine stärkende und aufbauende Wirkung.

Mit alternativen Heilmethoden zu neuer Lebensqualität

Bei manchen Altersbeschwerden können Hunden unterschiedliche Verfahren aus der Naturheilkunde helfen. So hält die Homöopathie mit Präparaten wie Echinacea zur Stärkung der Abwehrkräfte, Crataegus zur Anregung und Stabilisierung der Herztätigkeit und Vermiculite gegen Zahnstein und Zahnfleischentzündungen bewährte Mittel bereit. Bachblüten helfen bei Tieren mit altersbedingten Wesensveränderungen.

Um das richtige Präparat für Ihren Hund zu finden, besprechen Sie sich am besten mit einem naturheilkundlich erfahrenen Tierarzt. In der Schmerztherapie erzielt

Verwöhnen Sie Ihren vierbeinigen Liebling mal mit einigen Anwendungen aus dem Wellnessbereich.

121

Ältere Vierbeiner, vor allem wenn sie Gelenkbeschwerden haben, sollten nicht direkt auf dem kalten Fußboden liegen. Kuschlige Hundekörbchen werden liebend gerne angenommen.

flasche oder ein erwärmtes Dinkel- oder Kirschkernkissen in den Hundekorb; ein auf diese Weise vorgewärmtes Körbchen wirkt sich auch bei Hunden mit Gelenkproblemen sehr positiv aus.

Bekommt Ihr Senior nach einer längeren Wanderung Muskelkater, schaffen Einreibungen und Umschläge mit Arnikasalbe oder verdünnter -tinktur Erleichterung. In der kalten Jahreszeit bewährt sich diese Behandlung ebenfalls bei älteren Hunden mit rheumatischen Muskel- oder Gelenkbeschwerden.

Ein weiteres sehr breites Heilungsspektrum bietet die Physiotherapie, die neben spezieller Krankengymnastik diverse Wasser-, Massage- und Magnetfeldtherapien beinhaltet. Lassen Sie also Ihren vierbeinigen Senior im Fall der Fälle neben dem eigenen Verwöhnprogramm auch von den therapeutischen Fortschritten der Tiermedizin profitieren.

Er hat es sich nach Jahren treuer Freundschaft redlich verdient!

die Akupunktur sehr gute Erfolge. Schmerzmittel lassen sich dadurch meist deutlich reduzieren, manchmal werden sie sogar gänzlich überflüssig. Die Akupressur ist eine Abwandlung der Akupunktur; hier ersetzen die Berührung und der Druck der Finger die Nadeln. Dies wirkt sich nicht nur sehr positiv und entspannend auf den Körper aus, sondern auch auf die Seele des Vierbeiners.

Einfache Hausmittel tun Ihrem Hundesenior ebenfalls gut. Leidet Ihr Border Collie beispielsweise an Rheuma, legen Sie eine Wärm-

Ernährung

Im Alter ist eine entsprechend den Veränderungen des Stoffwechsels angepasste Ernährung wichtig. Stellen Sie Ihren Border Collie langsam auf eine leichtere, energieärmere Nahrung um, damit er nicht übergewichtig und dadurch zusätzlich träge wird; immerhin sinkt der Energiebedarf Ihres Hundes im Alter um etwa 20 %. Füttern Sie nun zwei- bis dreimal am Tag, denn mehrere kleine Portionen sind leichter zu verdauen als eine Große. Achten Sie unbedingt auf die Linie Ihres Border Collies, denn schlanke Hunde sind gesünder und leben länger. Im Fachhandel bekommen Sie spezielles Seniorfutter, das extra auf die Bedürfnisse und den verlangsamten Stoffwechsel alter Hunde abgestimmt ist.

Für diverse Erkrankungen gibt es im Zoofachhandel oder bei Ihrem Tierarzt genau abge-

Die meisten Border haben einfach immer Hunger. Gerade bei dem Senior ist es aber doppelt wichtig, genau auf sein Gewicht zu achten!

stimmte Diätfutter. Allgemein sollte Seniorfutter besonders schmackhaft und hochverdaulich sein. Geben Sie keine Nahrungsergänzungsmittel (Vitamine, Mineralstoffe), ohne es vorher mit Ihrem Tierarzt abgesprochen zu haben, denn auch Vitamine oder Mineralien können überdosiert schaden. Täglich frisches Trinkwasser darf natürlich nicht fehlen. Hat Ihr Hund deutlich weniger Durst, stellen Sie ihn auf Nassfutter (Dosenfutter) um oder mischen Sie seinem herkömmlichen Futter zusätzlich Wasser bei, damit er nach wie vor ausreichend mit Flüssigkeit versorgt wird.

Stecken Sie Ihrem Vierbeiner keine Süßigkeiten und Essensreste zu. Dies wäre falsch verstandenes Verwöhnen und schadet älteren Hunden besonders. Belohnen Sie nur mit echten Hundeleckerlis. Inzwischen gibt es sogar schon Leckereien in Senior- oder Lightqualität.

Leckerli-Spaß für betagte Vierbeiner

Mit diesem Leckerli-Rezept können Sie Ihren alternden Hund so richtig verwöhnen:

Sie benötigen folgende Zutaten:
100 g feine Senior-Hundeflocken
2 Eier
4 TL Senior-Dosenfutter

Alle Zutaten werden in einer Schüssel zu einem Teig verarbeitet. Daraus formen Sie nun kleine Bällchen, legen diese auf ein mit Backpapier ausgelegtes Backblech und lassen sie ca. 35 Minuten bei 175 °C im bereits vorgeheizten Backofen fest werden. Dieses Rezept ist für jeden Hundetyp geeignet, denn ganz gleich, ob er Diätfutter braucht oder in Bezug auf Leckerli besonders wählerisch ist, Sie können dafür Ihr ganz normales tägliches Hundefutter verwenden. Füttern Sie normalerweise keine feinen Flocken, sondern gröberes Futter, wird dies vorher einfach in einer Küchenmaschine zerkleinert.

Im Fachhandel bekommen Sie spezielles Seniorfutter, das extra auf die Bedürfnisse und den verlangsamten Stoffwechsel alter Hunde abgestimmt ist; täglich frisches Wasser darf natürlich nie fehlen.

Geben Sie Ihrem Rentner-Hund allerdings nur ein bis zwei dieser Leckerlis täglich, denn sie sind sehr gehaltvoll.

Damit der Spaß komplett wird, kann sich der Vierbeiner seine „Plätzchen" erarbeiten; dazu darf natürlich die richtige Verpackung nicht fehlen. Hier empfiehlt sich beispielsweise eine kleine Papiertüte oder ein ausrangiertes Stofftaschentuch. Aber auch ein alter Socken birgt, mit ein bis zwei Leckerlis gefüllt, einen großen Auspackspaß für den Hund und ist, geleert, anschließend auch noch ein tolles Spielzeug. Eine weitere geeignete Verpackung ist eine kleine Schachtel, z.B. von einer Glühbirne, oder einfach nur altes Zeitungspapier.

Extra-Tipp

Füttern Sie im Sommer nicht in der größten Mittagshitze: ein voller Bauch wirkt bei großer Hitze zusätzlich kreislaufbelastend. Lassen Sie Ihren Senior nach dem Fressen mindestens 1 Stunde ruhen.

Abschied

Leider währt ein Hundeleben nicht ewig und so ist auch irgendwann nach Jahren des gemeinsamen Zusammenlebens die Zeit des Abschieds gekommen. Manche Senioren schlafen einfach friedlich ein. Oft wird der Hundebesitzer jedoch in die verantwortungsvolle Pflicht genommen, über Leben und Tod des Hundes selbst zu entscheiden. Leidet Ihr Border Collie und wird ihm das Leben zur Qual, weil selbst die Tiermedizin an ihre Grenzen kommt und ihm seine Schmerzen nicht mehr nehmen kann, ist es an der Zeit, ihn von seinem Leiden zu erlösen. In der Regel kommt ein Tierarzt hierfür auch zu Ihnen nach Hause, damit dem gebrechlichen Vierbeiner weiterer Stress durch einen unnötigen Transport erspart bleibt, und er in seiner gewohnten Umgebung ruhig für immer einschlafen darf.

Natürlich ist der Abschied von Ihrem langjährigen, treuen Begleiter mit großer Trauer verbunden. Haben Sie sich jedoch sein Hundeleben lang auf seine Bedürfnisse eingestellt und waren Sie in guten wie in schlechten Zeiten für ihn dar, ist die Gewissheit eines erfüllten, schönen Hundelebens, das Ihr Border Collie bei Ihnen hatte, vielleicht ein kleiner Trost. Da die Trauer um einen geliebten Vierbeiner nicht

zu unterschätzen ist, gibt es inzwischen in vielen Orten Tierfriedhöfe oder -krematorien, die durch einen ganz bewussten Abschied und einen festen Ort der Trauer, den man jeder Zeit besuchen kann, die Trauerarbeit und das Loslassen erleichtern.

Selbstverständlich wird Ihr verstorbener Border Collie unersetzlich bleiben, trotzdem stellt sich Ihnen nach einiger Zeit vielleicht wieder die Frage nach einem neuen Hund. Stimmen auch dann noch alle Voraussetzungen für eine Anschaffung, ehren Sie das Andenken an Ihren Vierbeiner, indem Sie sich einen neuen Border Collie anschaffen. Aber machen Sie nicht den Fehler, ihn mit Ihrem vorigen Hund zu vergleichen. Jeder Vierbeiner ist absolut einmalig und auf seine ganz eigene Weise liebenswert.

Tierbestattungen

Adressen von Tierfriedhöfen und -krematorien in Ihrer Nähe bekommen Sie über den Bundesverband der Tierbestatter e. V.: **www.tierbestatter-bundesverband.de** *Eventuell können Ihnen aber auch Ihr Tierarzt oder der örtliche Tierschutzverein weiterhelfen.*

Jeder Border Collie ist einmalig und liebenswert.

Hilfreiche Adressen und Links

Rassezuchtvereine Deutschland

Club für Britische Hütehunde e. V.
Eva Busch (Rassebetreuerin)
Am Hirtenhof 3
D-35114 Haina/Kloster
Tel: 06456-380
Mobil: 0176-82 09 90 34
Fax: 03212-112 81 04

Cordula Glöde (stellvertretende Rassebetreuerin)
Wohraerstr. 10a
D-35285 Gemünden
Tel: 06453-13 76
Fax: 06453-16 40
www.cfbrh.de

Österreich

Österreichischer Club für Britische Hütehunde
Margit Brenner
(Welpenvermittlung)
Donaufelderstr. 215
A-1220 Wien
Tel./Fax: 0043-(0)1-20 34 762
Mobil: 0043-(0)676-59 31 294
www.huetehunde.at

Schweiz

Border Collie Club Schweiz
Doris Lehmann
(Welpenvermittlung)
Hübeli 546
CH-3472 Wynigen
Tel: 0041-(0)34415-12 82

Erika Sommer
(Welpenvermittlung)
Bächlern
CH-3537 Eggiwil
Tel: 0041-(0)34-491 21 09
(abends)
www.border-collie-club.ch

Britische Hütehunde in Not
(innerhalb des Clubs für Britische Hütehunde e. V.)
Inge Holz
Dammweg 6
D-38723 Seesen
Tel: 05381-80 53
Fax: 05381-98 93 69
www.cfbrh-tierschutz.com

Kynologenverbände

Verband für das Deutsche Hundewesen (VDH)
Westfalendamm 174
(Geschäftsstelle)
D-44141 Dortmund
Tel: 0231-565 00-0
Fax: 0231-59 24 40
www.vdh.de

Österreichischer Kynologenverband (ÖKV)
Siegfried-Marcus-Str. 7
(Geschäftsstelle)
A-2362 Biedermannsdorf
Tel: 0043-(0)2236-71 06 67
Fax: 0043-(0)02236-71 06 67-30
www.oekv.at

Schweizerische Kynologische Gesellschaft (SKG)
Brunnmattstrasse 24
(Geschäftsstelle)
CH-3007 Bern
Tel: 0041-(0)31-306 62 62
Fax: 0041-(0)31-306 62 60
www.hundeweb.org

Haustierregister

Deutsch. Tierschutzbund e. V.
Baumschulallee 15
(Geschäftsstelle)
D-53115 Bonn
Tel: 0228-60 49 60
Fax: 0228-60 49 640
www.tierschutzbund.de

TASSO e. V.
Haustierzentralregister
Frankfurter Straße 20
D-65795 Hattersheim
Tel: 06190-93 73 00
Fax: 06190-93 74 00
www.tiernotruf.org

Internationale Zentrale Tierregistrierung (IFTA)
Nördliche Ringstraße 10
D-91126 Schwabach
Tel: 00800-43 82 00 00
Fax: 09122-88 51 989
www.tierregistrierung.de

Interessante Links zu Internetseiten rund um den Hund:
www.partner-hund.de
www.hundefinder.de/hundeschulen
www.ferien-mit-hund.de
www.flughund.de
www.haustierratgeber.de

Der Verlag ist nicht für den Inhalt von Internetseiten und deren Links verantwortlich.

Dank

Mein besonderer Dank gilt Anja Wetterkamp und Ihrem Zwinger „The dog by my
side" für die fachliche Mitarbeit und Beratung sowie die Möglichkeit zu Fotoaufnah-
men. „Tierfotografie Brinkmann" (www.
brinkmanntierfoto.de) und allen zwei- und
vierbeinigen Modells möchte ich für die professionelle Bebilderung danken, die so ein
Buch erst lebendig macht. Ein weiterer
Dank geht an Michael Krücker für seinen
großen Einsatz und sein unermüdliches Engagement.
Der Firma Trixie danke ich für die freundliche Bereitstellung sämtlichen Hundezube-
hörs und Vroni Reisinger für die fotogra-
fische Unterstützung.
Ein dickes Dankeschön Ingrid Heindl (www.
tierphysiotherapie-bayern.de), die mir
immer mit Rat und Tat zur Seite steht.
Außerdem gilt mein Dank Familie Schmitt
und Tobias Volg für ihren steten Rückhalt in
allen Fragen und Bereichen sowie meinen
Redaktionshunden „Luzie" und „Peggy" für
ihr beruhigendes Schnarchen während
meiner Arbeit und unsere gemeinsamen,
entspannenden Spaziergänge und Spielrunden zwischendurch.

Bildnachweis
Alle Bilder Bernd Brinkmann
Außer:
bede-Archiv, Seite: 108 unten
Isabelle Francais, Seiten: 2(2), 8, 20 oben,
26 links, 27 oben, 28, 31 oben, 43 unten, 81
rechts, 97 oben rechts, 109 unten, 110
Karin van Klaveren, Seiten: 72
Annette Schmitt, Seiten: 24, 38, 73 oben
rechts, 75(2), 79 unten, 88(3), 118 unten, 121
unten rechts, 106 unten
Christine Steimer, Seiten: 101 oben, 107
oben
Trixie, Seiten: 34(3), 36(4), 37(3), 48(2), 49
unten, 57(2), 71(2), 73 oben links, 111, 122,
123 oben

Register

Hinweis: Die in diesem Buch enthaltenen Empfehlungen und Angaben sind von den Autoren mit größter Sorgfalt zusammengestellt und geprüft worden. Eine Garantie für die Richtigkeit der Angaben kann aber nicht gegeben werden. Autoren und Verlag übernehmen keinerlei Haftung für Schäden und Unfälle. Der Leser sollte bei der Anwendung der in diesem Buch enthaltenen Empfehlungen sein persönliches Urteilsvermögen einsetzen.

Impressum

Bibliografische Information der Deutschen Nationalbibliothek
Die Deutsche Nationalbibliothek verzeichnet diese Publikation in der Deutschen Nationalbibliografie; detaillierte bibliografische Daten sind im Internet über http://dnb.d-nb.de abrufbar.

© 2010 Eugen Ulmer KG
Wollgrasweg 41, 70599 Stuttgart (Hohenheim)
E-Mail: info@ulmer.de
Internet: www.ulmer.de
Umschlagentwurf: Sojus Design, Kai Twelbeck, Stuttgart
Titelfoto: Zoonar/Bernd Brinkmann
Repro: Timeray, Herrenberg
Druck und Bindung: Firmengruppe Appl, aprinta Druck, Wemding, Germany
Printed in Germany

ISBN 978-3-8001-6731-9

Auf den Hund gekommen?

Der Hund gilt zu Recht als der „treue Gefährte" des Menschen. Damit Sie sich mit Ihrem vierbeinigen Freund noch besser verstehen, bietet der Verlag Eugen Ulmer herausragende Fachliteratur von Spezialisten.

Die Welpenschule.
Der sanfte Weg zum Familienhund.

Celina del Amo
3. Aufl. 2010. 112 S., 60 Farbf.,
4 Zeichn., Klappenbroschur.
ISBN 978-3-8001-5956-7.

Apportierspiele.
Dummyarbeit Schritt für Schritt.

Lynn Hesel
2009. 96 S., 77 Farbf., kart.
ISBN 978-3-8001-5796-9.

Spaßschule für Hunde.
100 x spielen, tricksen, clickern.

Celina del Amo
2., überarbeitete Aufl. 2009.
127 S., 53 Farbf., 20 Zeichn., kart.
ISBN 978-3-8001-5662-7.

Das 4-Wochen Erziehungsprogramm für Hunde.
Tag für Tag - Schritt für Schritt.

Ophelia Nick
2010. 96 S., 73 Farbf., Klappenbroschur.
ISBN 978-3-8001-5906-2.

Homöopathie für Hunde.

Vera Misol, Gabi Franz
2008. 96 S., kart.
ISBN 978-3-8001-5481-4.

www.ulmer.de